ペンローズの幾何学

対称性から黄金比、アインシュタイン・タイルまで

谷岡一郎 著
荒木義明

JN054783

ブルーバックス

カバーのイラストは、密集する剣竜ステゴサウルスの群れを描いたもので、本書の第Ⅴ章で紹介される「幽霊タイル」の形状バリエーションに、目や骨板をつけてデザインしたテセレーション作品である。

カバー装幀／五十嵐徹（芦澤泰偉事務所）
カバーイラスト／荒木義明
本文デザイン・図版制作／鈴木颯八

はじめに

「ずっと探していたんだけど、最近は忙しくてね」

2023年3月末、緊急開催されたとあるオンライン会議で参加者一同が注目するなか、91歳の白髪のイギリス人男性がこう発言しました。

この男性はロジャー・ペンローズ博士。2020年のノーベル物理学賞を受賞した、高名な物理学者であり、数学者です。

彼のいう「ずっと探していた」ものとは、「平面充塡（へいめんじゅうてん）」とよばれる数学の分野の、ある問題の答えでした。

平面充塡では、「平面を隙間も重なりもなく敷き詰める図形」を探究します。どのような形状がどう組み合わされば平面を充塡できるかを考えることは、数学の重要なテーマの一つなのです。

◆ 「ペンローズ・タイル」と「アインシュタイン・タイル」

ペンローズ博士が、平面充塡に関する有名な図形「ペンローズ・タイル」を発表したのは、今からちょうど50年前の1974年のことです。

2023年3月の緊急会議は、ペンローズ・タイルを超える「新種のタイル」の発見を受けて開催されたものでした。

果たして、ペンローズ・タイルをどのように超えたのか？──詳細は本文に譲りますが、同会議には、その「新種のタイル」の発見者も参加していました。

発見したのはデイビッド・スミスという名の、平面充塡のコミュニティでは知られた人物でしたが、数学の専門家ではありません。

平面充塡の世界において、専門外の人が思いもよらない方法で新種のタイルを見つける事例はこれまでにも多くあり、それがこの分野の魅力を高めています。

特に今回は、ペンローズ・タイルを超える半世紀ぶりの新種ということで、大きな注目を浴びたのです。

この新種については、本文で述べるように「アインシュタイン・タイル」という呼称もありますが、ここでは発見者に敬意を表して「スミス・タイル」とよんでおきましょう。

◆ 平面充塡が可能な図形の特徴

新種の候補として、このスミス・タイルを見つけ出したのはスミスですが、新種であることの証明は、コンピュータ科学者や数学者とのチームによる成果です。

その証明は、おもにコンピュータを用いた膨大な計算を含むもので、きわめて難解とされています。

本書の目的は、この難解な証明を解きほぐすものではありません。

代わりに、2023年7月に発表された別の証明をもとに解説していきます。この別証明は、筑波大学教授の秋山茂樹と筆者の一人である荒木によるものです。

本書の目的は、なるべく直観的にこの平面充塡の問題と、その新種の概要を伝えることです。

そのため、この別証明についても、おもな流れを触れるにとどめ、証明のカギとなるいくつかの図形の特徴を説明する

ことにページを割いています。

　これらの特徴については、ペンローズ・タイルに対しても同様に説明します。

　スミス・タイルとペンローズ・タイルには、興味深い共通点と相違点があるのです。

エッシャーの作品に魅せられて

　本書の執筆者は、谷岡一郎と荒木義明の二人です。

　谷岡（神戸芸術工科大学・理事長／大阪商業大学・教授）は、1970年に大阪で開催された日本万国博覧会で、マウリッツ・エッシャーの作品と出会い、以来テセレーションや、それに関する幾何学やデザインに興味を持ち続けてきました。

　自身でペンローズ・タイルの作品を作り、神戸芸術工科大学の大学院でも、ここ10年ばかり（不定期ですが）「形と幾何学」に関する講義をしています。正三角形を塗り分けた「T3パズル」の考案者としても知られています。

　荒木（日本テセレーションデザイン協会・代表）は、高校生だった1990年に『ゲーデル、エッシャー、バッハ』という本でエッシャーの作品に出会い、以来テセレーションに関わる創作・研究・啓発活動をおこなっています。

　1998年に参加したエッシャー生誕100年を記念する国際会議を機に、作家の中村誠氏と日本テセレーションデザイン協会を立ち上げました。2003年から2006年まで東京大学大学院数理科学研究科にて客員助教授を務め、ここ十数年は科学館や小学校でのワークショップ・展示などを通してテセレーションの啓発活動をおこなっています。

また、2023年春の発見当初より、非周期モノ・タイルに関する創作・研究を多数発表しています。

本書は、序章から第Ⅶ章までの計8章で構成されています。

最初の5章を主として谷岡が、後半の3章を主として荒木が担当していますが、全体を二人で見直し、補完し合うかたちで書かれました。

◆ パズルを解く感覚で楽しもう！

前述のとおり、証明に関してはおもな流れを押さえるにとどめているため、厳密さは犠牲にはなりますが、本書ではなるべく日常の感覚で読み進められるように心がけています。

特に、谷岡による前半のパートでは、難しいトピックを噛み砕き、段階的に平易な言葉で解説しています。

繰り返しになりますが、専門外の人が思いもよらぬ方法で新種を見つける事例は、平面充填においてこれまでも多くあります。

読者のみなさんが次の新たな新種の発見者になるかもしれません。本書がそんなきっかけとなることを期待しています。

なお、数学的な詳細や最新の研究動向に関心のある方は、以下のURLに掲載されている文献もあわせてご覧ください。

https://www.tessellation.jp/penrose

それでは、ペンローズ博士も取り組んだ平面充填問題がどんなものなのか、そしてスミスが見つけた新種はどんな図形なのか、探訪していきましょう。

パズルを解くような感覚で、ぜひお楽しみください。

2024 年 5 月吉日

荒木義明

もくじ

はじめに　　　　　　　　　　　　　　　　　　……3

「ペンローズ・タイル」と「アインシュタイン・タイル」／平面充塡
が可能な図形の特徴／エッシャーの作品に魅せられて／パズル
を解く感覚で楽しもう！

**序章　「アインシュタイン・タイル」
の発見**　　　　　　　　　　　　　　　……13

ペンローズをも夢中にさせた問題／そしてアインシュタイン・タイ
ルへ／存在しないはずの図形

本書の構成　　　　　　　　　　　　　　　　……18

テセレーションとはなにか／周期と非周期／「非周期タイル」とは／
ペンローズ・タイルと準結晶のふしぎな関係／そしてモノ・タイルへ

**Ⅰ章　平面充塡、テセレーション、
ジリ・パターン**　　　　　　　　……25

平面充塡模様／複数に見える形も整理してみると……？／図形の
表面に描いてみる／「対称性」とはなんだろう／平行移動対称性
／鏡映対称性(線対称性)／すべり鏡映対称性／回転対称性／拡
大・縮小対称性／フェドロフの17類型／テセレーション／畳の敷
き詰め／テセレーションを作ってみよう／辺の回転対称性／フレー

ム／ポリカイト／正三角形と正六角形／五角形テセレーション／ジリ・パターン／テセレーションとジリ・パターン／五角形をもとにしたジリ・パターンの例／球面テセレーション

Ⅱ章 周期タイルと非周期タイル
—— ペンローズ・タイルの誕生 ……67

「不」周期と「非」周期／真の非周期タイル／ワンのドミノ／より「エレガントな解」を求めて／ロビンソンのタイル／敷き詰めの「強制性」とはなにか／ロビンソンのタイルの非周期性の証明／マッチング・ルール／正五角形を分割する——ペンローズ・タイルへの道のり／ペンローズ・タイルの誕生——凧と矢／モノ・タイルへの挑戦

Ⅲ章 ペンローズ・タイルとはどのようなものか ……89

マーチン・ガードナーの功績／ペンローズ・タイルのバリエーション／ひし形のペンローズ・タイル／パズル・アートとしての広がり／ペンローズが作成したパズル／イスラムの幾何学／アルハンブラ宮殿の「凧と矢」／ペンローズ・タイルがあった！——イスファハンの発見／ペンローズ・タイルのパーツ／ガードナー教の人々／ペンローズ・タイルの5つの特徴／ペンローズ・タイルの「マッチング・ルール」／ペンローズ・タイルのコンウェイ芋虫／ペンローズ・タイルの「レプタイル」／「Lトロミノ」——シンプルなレプタイルの例／ロビンソンの三角形——ペンローズ・タイルのレプタイル／ペンローズ（KD）タイルの置換ルール／ペンローズ・タイルの頂点地図／ペンローズ・タイルのアムマン棒

IV章 「準結晶」物質の発見
—— 3次元の対称性を考える　　……129

結晶学の常識／ブラヴェ格子／準結晶とはなにか／なぜ不可能と考えられていたのか／成長の条件とは？／「最小部品」を見出せ／3次元のマッチング・ルール／「アムマン面」とはなにか——3次元の鏡映／地上の準結晶／スタインハートの呼びかけ／遊び心の大切さ

V章 アインシュタイン・タイルとはどのようなものか
—— 非周期モノ・タイルはどう発見されたか

　　……145

「ニューヨーク・タイムズ」紙も報道／発見者は数学の「非」専門家／スミス・タイルの形状とバリエーション／スミス帽タイル／スミス亀タイル／スミス・タイルはどう発見されたか／驚くべき成果／幽霊タイルとは？／幽霊タイルはどう発見されたか——表と裏を区別する？／ヨシ亀タイルの命名の由来は……？／パズル・アートとしての非周期モノ・タイル／「だまし絵」を描いて楽しむ／帯模様を繰り返して楽しむ／つながる模様を作って楽しむ／「未知の並び」を探して楽しむ／「色の塗り分け」を楽しむ

VI章 スミス・タイルが示す「5つの特徴」
―― 非周期モノ・タイルの背後にひそむ性質とは

……165

スミス・タイルのマッチング・ルール／実際に並べてみると……！／スミス・タイルのコンウェイ芋虫／ペンローズ・タイルのコンウェイ芋虫と似ている!? ／スミス・タイルのレプタイル／またしてもゴールデンヘックスか?／スミス・タイルの頂点地図／スミス・タイルのアムマン棒／「非周期性」を確認する

VII章 残されたチャレンジ
―― アインシュタイン・タイル以降の数学は

……187

幽霊タイルの5つの特徴／幽霊タイルのレプタイル／幽霊タイルのコンウェイ芋虫／第三の非周期モノ・タイル／「イノシシ」とは何物か?

おわりに ……198

参考文献 ……201

さくいん ……203

「アインシュタイン・タイル」の発見

序章

2023年に入ってしばらく経ったころ、世界を驚かせるビッグニュースが飛び込んできました。

およそ50年もの間、数学者をはじめとする幾多の人たちが探究し続けてきた「ある図形」が、ついに発見されたというのです。

その図形の名前を、俗に「アインシュタイン・タイル」といいます。

アインシュタイン・タイルとはなんでしょうか？

◆ ペンローズをも夢中にさせた問題

数学の世界には、「平面を隙間も重なりもなく敷き詰める図形」を探究する「平面充塡」とよばれる分野が存在します。

容易に想像できるように、正方形や正三角形を使えば、ごく簡単に平面を敷き詰めることができますが、数学的に興味深いのは、「非周期的」とよばれる複雑な平面充塡です。

多くの数学者たちが、この非周期的な平面充塡に魅了され、「それだけを可能にするのはどんな図形か」、そして「いかに少ない種類の図形でそのようなことが可能か」を追い求めてきました。

非周期的な平面充塡だけを可能にする図形が初めて確認されたのは1964年のことで、じつに2万426種類の図形によって、平面が敷き詰められていました。この膨大な数を減らす試みはその後の10年間で一気に進展し、1974年にはなんと2種類の図形で可能なことが見出されます。

発見者の名前はロジャー・ペンローズ。2020年にノーベル物理学賞を受賞することになる、現代を代表する偉大な物

理学者にして数学者です。彼の手による2種類の図形は、「ペンローズ・タイル」と名付けられ、本書の主役の一つでもあります。

◆ そしてアインシュタイン・タイルへ

ペンローズ・タイルの発見により、「非周期的な平面充填」問題の核心はいよいよ、「それは果たして、たった1種類の図形で可能か？」へと至りました。

たった1種類なのに、非周期的にしか平面を敷き詰められない図形——本書ではこれを「非周期モノ・タイル」とよびます。そして、この非周期モノ・タイルこそ、「アインシュタイン・タイル」です。

ペンローズからアインシュタインへとは、科学ファンをワクワクさせてくれる名称ですが、この風変わりな名前は、ドイツ語で「一つの石」、転じて「1枚のタイル（モノ・タイル）」を意味する ein stein に由来します。

2023年の大発見とは、たった1種類で非周期的な平面充填だけを可能にする図形、すなわちアインシュタイン・タイルがついに見つかった、というものだったのです。

この分野をよく知る人々にとってはまさに寝耳に水、青天の霹靂（へきれき）というべき衝撃であり、当初はみな、半信半疑でこのニュースを受けとめたわけですが、さまざまな情報を吟味するうちに、「どうやら本当らしい」というのが共通の認識となっていきました。

筆者らを含むこの分野に関心の高い人たちはなぜ、半信半疑だったのでしょうか？

◆ 存在しないはずの図形

　それは、ペンローズ・タイルの発見から半世紀もの時を経ていたからです。

　前述のとおり、2万426種類から始まった非周期的な平面充填だけを可能にする図形は、わずか10年で2種類まで減らされました。その後の50年近くにわたってモノ・タイルは見つからなかったのですから、にわかに信じることができなかったのも当然です。

　実際、21世紀に入るころには、「1種類（モノ・タイル）による非周期にしか平面を敷き詰められない図形は、おそらく存在しないだろう」と考えられていたのですから。

　それではその、「存在しない」と考えられていたアインシュタイン・タイルは、いったいどんな図形なのでしょうか。

　まずは、今回発見されたアインシュタイン・タイル、つまり非周期モノ・タイルを並べた図を見ていただきましょう（図J-①）。

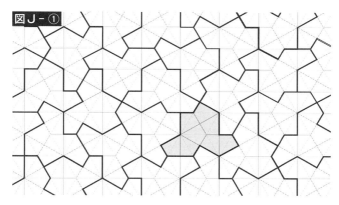

Craig S. Kaplan (arxiv.org/abs/2303.10798)

　この図形が、実際に「非周期にしか平面を敷き詰められない」ことについては第Ⅴ章以降で解説しますが、今のところは信じていただくしかありません。

　この図は一見すると、簡単に敷き詰められそうですが、実際にはそうならないという、摩訶不思議な模様になっています。

　本書の目的の一つは、このアインシュタイン・タイルが発見されるまでの長い道のりを解説することにありますが、前提となる基礎知識が多いため、アチラコチラに寄り道をすることになるでしょう。すでにご存じの内容に関しては、飛ばしてくださってかまいませんが、特に後半（第Ⅲ章以降）は、目新しい知見が多く登場することが予想されますので、復習の意味も含めて、できれば目を通していただきたいと思います。

◆ テセレーションとはなにか

　ペンローズ・タイルからアインシュタイン・タイルに至る長い道のりを解説する前提の一つとして、「テセレーション」についてまず知っておいていただく必要があります。

　テセレーションについては第Ⅰ章で説明しますが、「平面充填をもとにした模様のデザイン」を指す言葉です。身近な事例でいえば、浴室の壁のタイル張りや、歩道の敷き石の模様のようなものをイメージしてもらうとわかりやすいでしょう。

　テセレーションの解説において、「フレーム」と「ジリ・パターン」という考え方もあわせて説明します（第Ⅰ章参照）。ともに今回発見されたアインシュタイン・タイル（非周期モノ・タイル）を説明するにあたり、たいへん重要な要素となりますから、すでに知っている人もできれば目を通してください。

◆ 周期と非周期

　平面に広がる模様が「周期的」（英語で periodic）であるとは、わかりやすくいえば「どの領域を複数の方向（逆向きを省く）に平行移動しても、ピッタリ重なる他の領域が必ずいくつも一定の間隔で存在する」状況のことです。

　それでも難しく感じる人も多いかもしれませんが、ここではいったん「特定領域を2方向の平行移動でつなぎ合わせて、平面充填としてその模様を作ることができること」とと

らえていただいてもかまいません。浴室の正方形のタイルがビッシリと並んだものが、周期的な模様の事例の代表と考えられます。図J-②に他の事例も示しましょう。

図J-②

一方、ある模様が「非周期的」（英語では non-periodic）であるとは、「どの領域を2方向に平行移動でつなぎ合わせても、平面充填としてその模様を作れないこと」であるといったんしておきましょう。ただし、単純な模様の場合は、非周期的であることを「平行移動でピッタリと重ねることができない領域」を見つけることで判別できます。

注意が必要なのは、ある種の図形の形状は、周期的な模様にも非周期的な模様にも並べることができる点です。たとえば、次の図J-③はいずれも、単純な非周期的な模様の一部を示したものです。

図J - ③

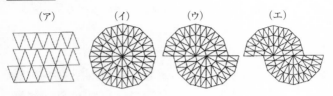

（ア）　　　　（イ）　　　　（ウ）　　　　（エ）

　個々の図形の形状はどれも単なる二等辺三角形ですが、
（ア）は周期的に並べられた模様の一部をずらすことで、一
部分でピッタリ重ねることのできない領域ができ、非周期的
になっています。（イ）の中心点を囲む領域は、平行移動で
重ねることはできません。そのため非周期的な模様だといえ
ます。

　（ウ）は水平なラインに沿って、三角形1個分ずらした並べ
方で、中心点（らしきもの）は2つあります。三角形1個分
ではなく、2個分ずらしたのが（エ）の並べ方ですから、3
個、4個……とずらしても非周期的な模様であることに変わ
りはありません。

　つまり、非周期的な模様となる図形の並べ方は、何通りも
（無限に）あることがわかります。

◆ 「非周期タイル」とは

　そして、本書の重要な位置を占める「非周期タイル」と
は、「非周期的な模様にしか並べることのできない」形状の
図形（aperiodic tile）、もしくは複数の図形の組（aperiodic
tile set）を指します。先にも触れましたが、1964年に最初の
非周期タイルの組（2万426種類）が発見されるまで、その

ような図形（もしくは図形の組）が存在することすら、疑問視されていたことをもう一度強調しておきます。

　周期と非周期に関するさらに詳しい話は、第Ⅱ章で解説します。第Ⅲ章はその続きとして、ロジャー・ペンローズが発見した「ペンローズ・タイル」を中心に話を進めることになりますが、まずはここで、ペンローズ・タイルと、それを構成する2種類一組の非周期タイルをご覧いただきましょう（図J-④）。

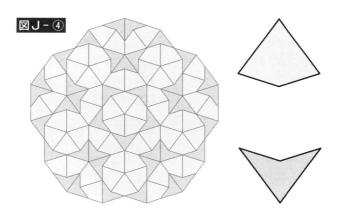

図J-④

◆ ペンローズ・タイルと準結晶のふしぎな関係

　図J-④の左はペンローズ・タイルによる平面充塡の一部で、非周期にしか並べることのできない、たった2種類一組の図形でできています。後の章で紹介しますが、ペンローズ・タイルにもいくつかのタイプが知られています。

　ロジャー・ペンローズは、正五角形に着目することで非周

期タイルの組の要素を2種類まで減らすことに成功しました。それまでの最少記録だった6種類からの、大きな前進でした。

　ところで、従来の結晶学で考えられていた物質の分子構造は、三角形と四角形（あるいは六角形）が中心でした。それらの構造が安定しており、平面（あるいは空間）を敷き詰めることができる、一種のテセレーションともいえるものだったからです。

　他方、正五角形は平面上を隙間も重なりもなく敷き詰めることができません。したがって、正五角形を基本とする物質は、この世に存在しないものと考えられていたのです。

　ところが1982年、特殊な実験下においてではあったものの、イスラエルのシュヒトマンによって正五角形を基本とする物質が発見されました。そして、そのX線回折写真は、驚くことにペンローズ・タイルを並べた図を想起させるものだったのです。

　正五角形は平面を埋めることはできませんが、立体（3次元）だと正十二面体や正二十面体のように成立しうるという事実が、理論的な背景にありました。のちにこの物質は、「準結晶（quasicrystal）」と名付けられました。

◆ そしてモノ・タイルへ

　第V章と第VI章では、今回発見された非周期モノ・タイル（アインシュタイン・タイル）に関するさまざまな話題をご紹介します。

「誰が発見したのか」「どうやって発見されたのか」「本当に平面を敷き詰められるのか」「非周期タイルであることの証

明は？」……といった問題を取り上げますが、「とにかく話題のアインシュタイン・タイルについて早く知りたい」という方は、もちろんそれらの章から読んでくださってもかまいません。

　さらに今回発見された非周期タイルから派生する、いくつかのサブトピックにも触れます。そのなかでは新たなデザインや、応用の可能性にも言及することになるでしょう。

　以上が、本書の内容の概要です。

　文中では敬称を略して進めます。それではテセレーションの話からスタートしましょう。

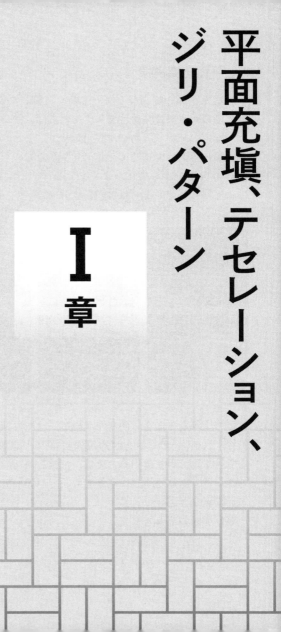

I 章

平面充塡、テセレーション、ジリ・パターン

平面充塡模様

2次元平面を隙間なく埋めていく連続した模様の事例は、街のそこかしこで見かけます。たとえば、壁や床のタイル張り、歩道の敷石、着物や洋服のデザインなどですが、そうした模様の事例は人工的にデザインされたものだけでなく、自然界でも見かけることがよくあります。「f」の蜂の巣などはよく知られていますね（図I-①）。

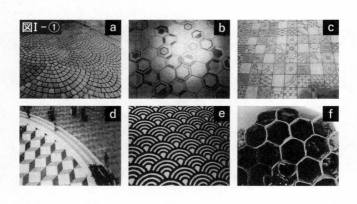

図I-①

このような平面を隙間なく埋めていける模様を「平面充塡模様」、あるいは「敷き詰め模様」「タイリング・パターン」などとよんでいます。本書では、付随した別の用語が登場するケースもありますが、主として「平面充塡模様」という用語を使用することにします。

平面充塡ができる形状はいくつもあります。

たとえば三角形ならば、たとえそれがどんな辺の比率であっても（同じ三角形どうしなら）平面充塡が可能です。同じ

長さの辺どうしを合わせると、向かい合った辺が平行の四角形ができるからです。向かい合った辺が平行の四角形は、必ず平行な棒状にできますから、深く考えるまでもなく必ず平面充塡できます。

　同様に、任意の四角形も長い辺どうしを合わせると向かい合った辺が平行の六角形ができるので、（詳しい説明は省きますが）必ず平面充塡になります（図Ⅰ-②）。

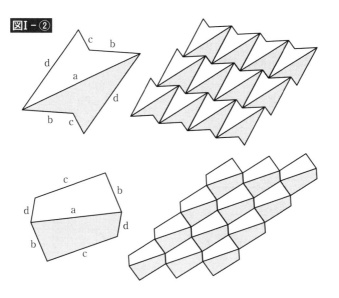

図Ⅰ-②

　特に、四角形の向かい合う2辺の一組だけでも平行な場合は、平面充塡であることは想像しやすいでしょう。正方形、長方形、ひし形、平行四辺形は、明らかにその条件に当てはまります。

また台形や、2辺のみが平行の他の四角形においても、平行でない同じ長さの辺をうまく（平行の辺がまっすぐつながるように棒状に）合わせることで、平面充填可能であることはおわかりいただけるかと思います。

　正方形のように、辺と角度（内角）が同じ正多角形では、正方形の他に正三角形と正六角形が平面充填可能です。角度だけに限定すれば長方形が、辺の長さに限定すればひし形や少々いびつな五角形と六角形も平面充填可能です（図I-③）。

　これらの図形の平面充填模様は基本（のちに解説しますが、「フレーム」という概念です）となりますので、覚えておいてください（図I-③）。

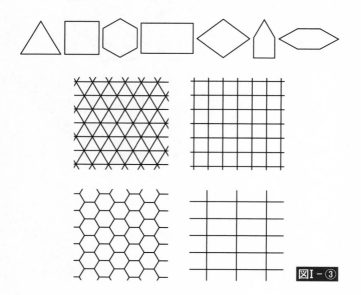

図I-③

◆ 複数に見える形も整理してみると……?

　図Ⅰ-③の上段で右から2番めに示した、辺が同じ長さの五角形は、じつは正三角形と正方形の合体形です。つまり、この平面充塡模様は、2種類の形状の図形によって作られていると言い換えることができます。

　次の図Ⅰ-④はイスラムのタイルですが、形状は2種類ですね。

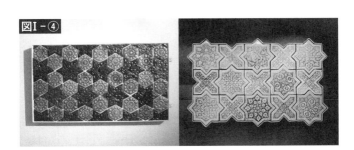

図Ⅰ-④

　イスラムのタイルのなかでも特に有名な右の例を考えてみましょう。このタイル2種は、正方形を並べた形状がまずあって、それに規則的に凹凸をつけただけであることが、見てとれるでしょう。この手法は、のちに「テセレーション」の凹凸の説明のなかで登場しますので、忘れないでください。

　2種の正多角形のみを組み合わせた平面充塡は、正六角形と正三角形、正方形と正三角形、正八角形と正方形、正十二角形と正三角形などでできますが、大きさの異なる2種の正三角形や2種の正方形でも可能です。

　その他、3種類以上の形状を組み合わせたパターンは複雑

になりすぎるきらいがありますので、ここで取り上げるのは
やめておきます。興味のある方はぜひ試してみてください。

◆ 図形の表面に描いてみる

　ここまでは、敷き詰める図形の形状のみについて話してき
ましたが、こんどはその図形の上に「何かが描かれている
ケース」を考えます。描かれているのは、単なる絵や色かも
しれませんし、あるいは線や文字かもしれません。実際には、
すべて空白のケースはむしろ少なく、表面になんらかのもの
が描かれていることが多いのです。

　話を簡単にするために、畳のような長方形の図形の上に、
「あ」という文字が書かれているものとします（図I-⑤）。

図I-⑤

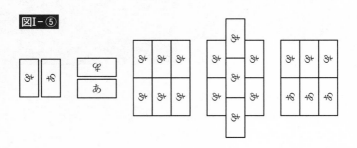

　この、正方形2個分の長方形を「畳タイル」とよぶことに
しましょう。畳タイルを1枚置いた状態から敷き詰めていく
場合、図I-⑤（左の4枚）に見られるように4方向がありえ
ます。今のところは、右から3つめのように角が合わさり、
同方向で字が普通に読める置き方を基本形と考えます。

　このような格子状の並べ方は、最も単純なものです。しか

し、のちの項目で触れるように、他にもいろいろな並べ方が
あります。ここでまず強調したいことは、同じ形状による平
面充填模様は、1通りとは限らないという点です。ただし、
1通りしかないものも多くあります。

　たとえば、正六角形を並べる方法は1通りしかありませ
ん。形状だけに着目すれば、正六角形を1枚置いて平面を埋
めようとすると、残りは自動的に（強制的に）決まります。
それに対して正方形では、並べ方は何通りもありえます。

　仮に表面に書かれているのが「あ」という文字ではなく、
上半分が黒色、下半分が灰色の正方形からなる畳タイルだっ
たとしましょう（図Ⅰ-⑥左）。このような畳タイルからは、
図Ⅰ-⑥の中央や右に示すパターンが構成可能です。並べ方を
変えることで、こうして新たなデザインを生み出すことも可
能となるわけです。

図Ⅰ-⑥

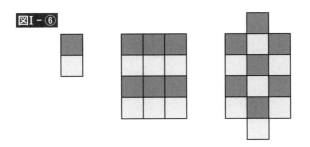

　あらためて図Ⅰ-⑤を見てみると、右端の例では「あ」とい
う文字を180度回転して逆さにしたパターンが登場していま
す。このように、文字の方向や図形の並べ方を変えてもよ
いという条件が付与されると、話はさらに複雑にならざるを

えません。

　たとえば、あなたが表面を色分けされた畳タイルを使って、壁一面を埋めるよう頼まれたとします。その方法はいろいろとありえ、しかも出現する模様の全体的な印象が、かなり異なるものを作ることができるはずです。

◆「対称性」とはなんだろう

　前項で、〈「あ」という文字を180度回転して……〉という表現が登場しました。このように、ある図形は、形状については回転しても元と同じように保つことができます。ただし、表面に描かれた内容については元と同じに保つことができるとは限りません。

　たとえば「あ」の代わりに「H」という文字が書かれていたなら、回転しても同じに見えます。このように、回転しても形状も表面の内容も元と同じに保つ図形は、「回転対称性をもつ」と表現されます。

　回転対称性は、畳タイルの例のように180度の回転とは限りません。後でもう少し詳しく述べますが、120度（正三角形）でも、90度（正方形）でも、60度（正六角形）でも可能ですし、平面充填にこだわらなければ、さらに別の角度でも可能です。

　注意が必要なのは、多角形や文字のような図形の「対称」と模様の「対称」とでは、ニュアンスが異なっていることです。平面に広がる模様は、たとえその一部の領域が対称に見えなくとも、模様全体として対称であることがあるのです。

　本書では今後、「対称性」という言葉を「ある移動をしても元と同じ図形を保つ」という意味で使用することにします

が、模様で使われる「対称性」については、数学的な分類上
いくつかの要素があります。

　先ほど見た「回転対称性」も、数学（幾何学）の世界で対
称性を分類する一つの要素です。他に、「平行移動対称性」
「鏡映対称性（線対称性）」「すべり鏡映対称性」の３つがあ
り、これらに加えて「拡大・縮小対称性」という要素も知っ
ておく必要があるでしょう。

　順に解説していきますが、その前に一点、平面を充塡する
一つ一つの形状単体を「セル（cell）」とよぶことをご了承く
ださい。図Ⅰ-⑤の例では、畳タイル１枚がセルです。

◆ 平行移動対称性

「平行移動対称性」は、平面に広がる模様だけがもちうる対
称性です。多角形や文字などの図形では、平行移動すると、
必ずどこかがはみ出て元の図形と同じにはなりません。周期
的な平面充塡模様であれば、うまく平行移動すると、もれな
くどのセルも別のセルと重なり、元の模様と同じになるので
す。

　序章では、模様が周期的であることの説明を暫定的におこ
ないましたが、「平行移動対称性」を使って言い換えると、
次のようになります。

　複数の方向（逆向きを除く）の平行移動対称性をもつ模様
を周期的とよびます。

　それに対し、複数の方向（逆向きを除く）の平行移動対称
性をもたない模様を非周期的とよびます。

　特に、本書では「一つも平行移動対称性をもたない」非周
期的な模様をおもに扱います。

◆ 鏡映対称性（線対称性）

　右手と左手はほぼ左右対称と考えられますが、建築物や蝶のような物体や生物などでも、中央で半分に分けると鏡映になっているケースが少なくありません。

　左右対称の形状は、数学的にはその半分の形状を鏡に映したものだともいえます。

図Ⅰ-⑦

（Science Photo Library ／アフロ）（CuboImages ／アフロ）

　日本の義務教育で習う対称といえば、いわゆる「線対称」のことがほとんどで、日本人にはまずこの鏡映の概念が浮かぶでしょう。線対称の「2つに分ける線（鏡映軸）」は、縦である必要はありません。横も斜めもありえます。また、鏡映軸は1本とは限りません。

　鏡映軸に沿って、左右半分に切った図形は同じように見え

ますが、左と右をぴったり重ねるためには「裏返す」必要が
あります。

◆ すべり鏡映対称性

「すべり鏡映」とは、一定形状や模様を鏡映にしたうえで平
行移動したものを指し、英語では「グライド（glide）」とい
います（図Ⅰ-⑧）。前述の「平行移動」と「鏡映」をプラス
した移動と考えても結構です。

図Ⅰ-⑧

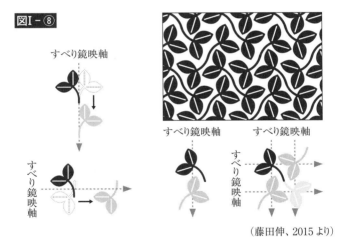

（藤田伸、2015 より）

　すべり鏡映の対称性も平面に広がる模様だけがもちうるも
ので、壁紙のパターンなどでよく使われます。

◆ 回転対称性

　星形や桜の花びらは、中心点で72度（右でも左でも）傾

け（回転す）ると、形状がぴったりと重なります（図Ⅰ-⑨）。たとえば右に72度ずつ回転すれば、5回めで元に戻るでしょう。

図Ⅰ-⑨

このような形状は「5回回転対称性がある」、あるいは回転を省いて「5回対称性がある」と表現します。本書でも回転という語はなるべく省略します。図Ⅰ-⑨の中央に示す「卍」に4回対称性があるのは、説明しなくとも明らかでしょう。

ところが、表面に描かれた内容も含めて考えると、星形は縦の線（図中の点線）を軸とする線対称にすぎません。回転すると（1周しないかぎり）元の図形に戻らないからです。

表面の模様を無視して、平面充塡模様の場合は、セルだけを考えるなら、ありうる回転対称は180度（2回対称）、120度（3回対称）、90度（4回対称）、60度（6回対称）に限定されます。72度（5回対称）は、平面充塡模様のセルの形状としては無理だというわけです。

また、平面充塡模様の場合は、6回対称性より数の多い回転対称も考える必要はありません。たとえば、正十二角形には12回の回転対称性があるでしょうし、円には無限の回転対称性があるのではないかという疑問はそのとおりです。平

面充塡模様のセルの形状とは無関係ということにすぎません。

拡大・縮小対称性

対称性に含まれるもう一つの要素は、「拡大・縮小」です。ここまでに説明した4つの要素「平行移動」「鏡映」「すべり鏡映」「回転」は同じ大きさの図形に関する移動（「等長変換」といいます）でしたが、ここからは違います。

正方形が4つ集まると、より大きな正方形が作成できます（図Ⅰ-⑩）。また、正方形を4つに分けて小さな正方形4個にすることもできます。

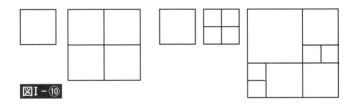

図Ⅰ-⑩

拡大と縮小は正反対の概念ですが、方向性（時間の流れ）を逆にすれば、まったく同じプロセスだともいえますから、拡大に限定して話を進めます。

図Ⅰ-⑩の例は2倍にするだけでしたが、3倍、5倍などの任意の倍率でも同様であることは自明です。また、図Ⅰ-⑩右のように拡大と縮小を同居させることも（当たり前ですが）ありです。

このようにサイズの異なる同じ形（相似形）も、ある種の充塡模様の要素になりうることは間違いありません。そして

それらは、次の図I-⑪に見られるように対称的であり、同時に美しくすらありえるものなのです。

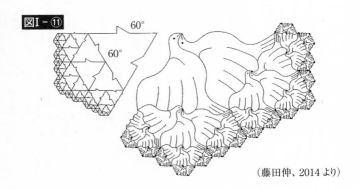

図I-⑪

（藤田伸、2014 より）

◆ フェドロフの17類型

　平面充塡模様の最も身近な事例の一つとして、壁紙の話をします。

　壁紙は、印刷機械の都合から、たいてい長方形のものを１つのパターンとします。長さは異なっても横幅はつねに一定で、それをぴったり張り合わせていくことで壁を埋めていきます。

　先に登場した畳タイルの形状のように、ひとまず縦が横の２倍の長さということにして話を進めましょう。

　縦が横の２倍の長さの長方形の上部は、次の紙の下部とくっつき、左側は右側と合わさることになります。ここでもし、パターンの柄がズレていると、壁紙の模様に連続性がなくなり、張り合わせたラインが不細工に目立ってしまうでしょ

う。そんなことが起こらないよう、連続した模様がどこまでも自然につながっていなくてはなりません。

　そのような連続性のある模様を数学的に分類したのは、数学者のG・ポリヤと彼の仲間たち（G・H・ハーディとJ・E・リトルウッド）でした。彼らは、そのような模様の数学的分類は17通りあり、それ以上は存在しないことを1924年に示しました。

　その研究以前に、記号や用語を含めてわかりやすく解説したのは、エヴグラフ・フェドロフという人で、1891年のことです。その分類は現在、「フェドロフの17類型」とよばれています。

　まずは、フェドロフの17類型について簡単に説明しておきましょう。数学的センスの高い人にとっては、この簡単な説明で十分かもしれませんが、なかには紛らわしく、ややこしいものや、複数の類型に当てはまる模様もありますので、「わかったつもり」で納得してしまうのは、少々危険だともいっておきましょう。なお、例示された図は、藤田伸（2015）が紹介したいくつかの例に、J. Beyer（1998）の例示を補足したものです。

　図Ⅰ-⑫をご覧ください。

図I-⑫

	略記号	説明（J. Beyer, 1998）	意味（藤田伸、2015）
1	p 1	Translation	単純な並進
2	p m	Mirror	1方向の鏡映
3	p g	Glide	1方向のすべり鏡映
4	c m	Staggered *1 Mirror	1方向の対角、他方向に鏡映
5	p 2	Midpoint or Half-Turn R *2	2回割りの回転
6	p mm	Double Mirror	2方向の鏡映
7	p gg	Double Glide	2方向のすべり鏡映
8	c mm	Staggered Double Mirror	2本の対角線の両方に鏡映
9	p mg	Glided Staggered Mirror	1方向の鏡映、他方向にすべり鏡映
10	p 4	Pinwheel or Quarter-Turn R	4回割りの回転
11	p 4m	Traditional Block	鏡映と4回割りの回転
12	p 4g	Mirrored Pinwheel	4回割りの回転とすべり鏡映
13	p 3	Three R	3回割りの回転
14	p 31m	Three R and a Mirror	3回割りの回転と鏡映
15	p 3m1	Mirror and Three R	鏡映と3回割りの回転
16	p 6	Six R	6回割りの回転
17	p 6m	Kaleidoscope	6回割りの回転と鏡映方向の対角、他方向に鏡映

＊1　代わりに「Centered」を使うケースが多い。　＊2　Rotation をRとして表記した。

「略記号」欄に書かれているのは「国際共通標記／ INSGT」
とよばれるものです。

　略記号の冒頭は、小文字の「p」か「c」になっています。「p」は "Primary Cell" の頭文字で、「基本セル」と訳しておきましょう。平面充塡模様において繰り返されるパターンの最小単位と考えて差し支えありません。

　「c」は "Centered Cell" の頭文字で、「面心」と訳されています。その特徴として、通常の方形（正方形、長方形、平行四辺形）のように、x 軸を固定した格子ではなく、辺が x 軸、y 軸に平行でない（特に鏡映軸や基本セルの方向に対して斜めの）ひし形の格子になると覚えておいてください。

　じつは「c」も四角形による基本セルの一種ですが、壁紙に示される連続性の方法が異なるのです。

　p や c の次にいくつかの数字が現れますが、これは対称性をもつ回転の最大数（360 度で元に戻るケースも含みます）を表します。たとえば「4」なら 4 回対称。つまり 360 度を 4 で割った 90 度ずつの回転をし、4 回めで元の図に戻ります。

　数字が現れないケースは、p や c の次の「1」、つまり「何もしない」が省かれているケースと考えてください。

「m」は「鏡映（mirror）」の略号なので、わかりやすいと思います。左右対称の図柄はもともと、鏡映軸で割った半分が基本セルとなっています。上下左右に対称的な図は、基本セルを縦と横に 2 回鏡映したものと考えてもらって結構です。つまり、鏡映軸は直交する 2 本あることになります。

「g」は「すべり鏡映（glide）」を表しますが、必ず鏡映体である点に注意が必要です。つまり、「すべり鏡映」というのは「鏡映にして（その鏡映軸に沿って）ずらす」ことを指します。m や g の組み合わせによって、鏡映像をさらに回転

するケースも含むため、「g」は通常の「m」より複雑な概念です。

まとめると次のようになります。

> p：基本セル／基本モチーフ
>
> c：面心格子／ひし形格子[*]
>
> 数字：回転対称で元に戻るまでの回数（「1」は省略されることが多い）
>
> m：鏡映
>
> g：すべり鏡映／裏返して（鏡映軸にそって）ずらす
>
> mm：鏡映したものを別方向にさらに鏡映／基本セルを4倍にする
>
> gg：2回のすべり鏡映
>
> mg：1方向の鏡映後、他方向にすべり鏡映

> [*]厳密には適用できないケースがありますが、頭の中で理解するには「ひし形格子」を思い浮かべると便利です。

17類型の違いを示すために、数学者たちが例示した図柄（藤田伸、2015による）があります。参考までに例示しておきましょう（図I-⑬）。

図Ⅰ-⑬

	G.ポリヤ	A.スパイザー	H.ヴァイル	グリュンバウム＆シェファード	R.ビックス
	ドリス・シャット・シュナイダー『エッシャー…変容の芸術』梶川泰司訳日経サイエンス社、1991	A.Speiser Die Theorir der Gruppen von Endlicher Ordnung, Berlin Springer,1945	ヘルマン・ヴァイル『シンメトリー』遠山啓訳紀伊國屋書店、1970	Grumbaum&Shephard Tiling and Patterns, Freeman,1987	R.Bix Topics in Geometry, Academic Press,1994
p1	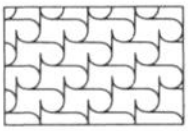	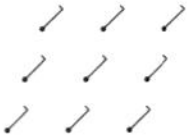	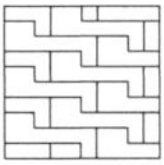	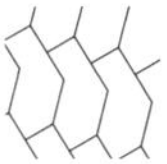	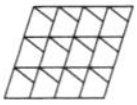
pm	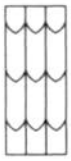	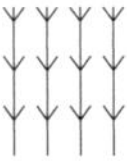	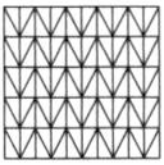	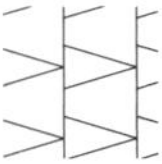	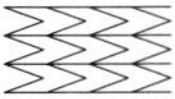
pg				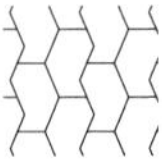	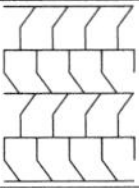
cm					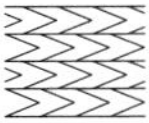
p2			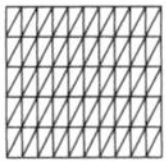	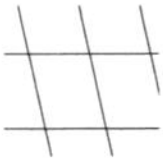	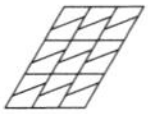
pmm			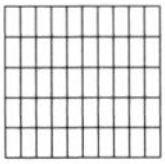	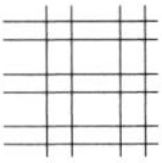	
pgg			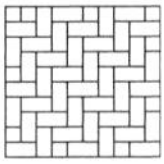	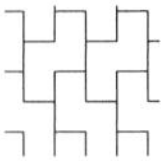	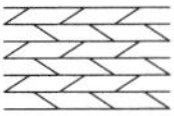

	G.ポリヤ	A.スパイザー	H.ヴァイル	グリュンバウム＆シェファード	R.ビックス
cmm					
pmg					
p4					
p4m					
p4g					
p3					
p31m					
p3m1					
p6					
p6m					

数学者が例示した 17 類型（藤田伸、2015 より）

　紙幅の制約により、本書ではこれ以上詳しく説明することはできませんが、フェドロフの 17 類型についてもっと知りたい人には、藤田伸『装飾パターンの法則──フェドロフ、エッシャー、ペンローズ』（三元社、2015）をお薦めしておきます。

◈ テセレーション

　平面充塡をもとにした模様のデザインを「テセレーション（tessellation）」といいます。

　もともとは四角形を敷き詰めることを指す用語でしたが、平面を隙間なく埋めることのできる形状、もしくは形状の組み合わせによる敷き詰めも含むようになりました。

　形状の変形や、表面の描き込みなどテセレーションのデザイン手法はさまざまです。そのデザイン内容によって、数学上の分類が異なる可能性はありますが、同じくテセレーションだと考えられるわけです。

　なお、より一般的には 2 次元平面以外の曲面や 3 次元でもテセレーションはありえますが、今のところは 2 次元平面に限定して話を進めます。

◈ 畳の敷き詰め

　次章でもう少し詳しい話をしますが、ある種の形状は「複数の並べ方」が可能です。たとえば、正三角形と正方形は水平方向にずらすことで、別の平面充塡ができることを、各自チェックしておいてください。前述のとおり、正六角形などは一義的な平面充塡しかできなかったこともあらためて確認しておきましょう。

ふたたび、正方形2個分の形をした長方形の例で考えてみましょう。辺の比が2対1の長方形で、もうお馴染みの畳タイルです。

　図I-⑭に示すように、この長方形は角と角をすべて合わせる障子の桟のような並べ方（ア）もできますし、レンガを積んだような並べ方（ウ）もできます。

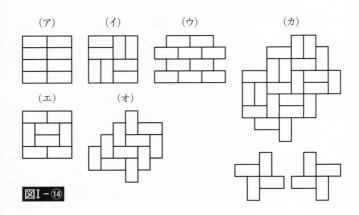

（ア）　　（イ）　　　（ウ）　　　　　（カ）

（エ）　　（オ）

図I-⑭

　その他いろいろな並べ方が可能で、これはたとえば100畳の間に畳をどう敷くかという感覚と似ています。現実的には、端の部分（部屋の隅）に半畳などの別の形状が必要になりますが、ここでは無視します。

　たとえば（カ）を見てください。ぱっと見た感覚ではバラバラに見えるかもしれません。畳4枚で「4×2」の長方形を作り、それを並べただけのようにも見えます。

　しかし、図I-⑭右下に示す、4枚の長方形で作られた風車のようなパターンごとに（カ）に色を塗ってみると、まった

く異なる印象の模様が姿を現します。興味のある人はぜひ試してみてください。

◆ テセレーションを作ってみよう

「百聞は一見に如かず」といいます。簡単に作れる実例を示すことで、テセレーションの理解を深めてもらいましょう。

　テセレーションの語源にもなった、正方形が角を合わせて並んだいちばん簡単な形からスタートしましょう。

　けっこう複雑に見えるテセレーションといえど、意外にシンプルな作業で作られているケースがあります。ここでは、小学生を対象としたワークショップでよく使われる方法を紹介しましょう。

　まず、正方形の折り紙を4枚用意します。その4枚を重ねてハサミを入れ、ランダムな形の切片を切り出したのちに、その切片を平行移動して反対側の辺にくっつけてみます。同様の作業を左と右、上と下というふうに進めます（図Ⅰ-⑮）。

図Ⅰ-⑮

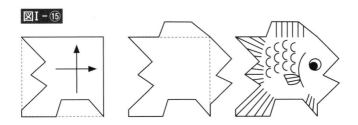

　図Ⅰ-⑮はあえて魚の形になるように切っていますが、切ってから形状を考えるケースと、最初から切る形状を計画しておこなうケースとがあります。最初はランダムでOKです。

これでピッタリ合うテセレーションの形状となるのです。

できあがった形状の上に絵を描いてみましょう。まずは形状をいろいろな角度で眺め、それが何に見立てられるかを考えるとよいでしょう。図I-⑮では魚の絵を描いてみましたが、別の方向に形状を回転して他の絵を描いてもいいでしょう。

切った紙の部分を向かい側ではなく、下側につけたり、裏返してくっつけたりすることでも、別のテセレーションが可能です。省略しますが、数通りの切り貼りによるバリエーションがあります。ここでは、実際に小学生が作成した作品を2つ例示しておきます（図I-⑯）。

【神戸新聞社賞】
多聞台小学校　5年　大原宇竜
『金魚食べたいニャー』

【神戸市教育委員会賞】
多聞台小学校　4年　永野藍人
『サーカス大わざ大連ぱつ』

◆ 辺の回転対称性

もし正方形の各辺が、90度回転対称の同じ切り方であるとするなら、それはどの方向にも合わせられるテセレーションです（図I-⑰下）。

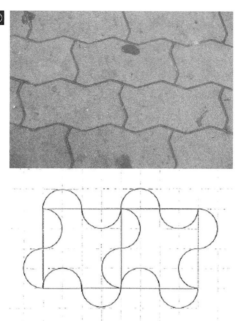

図Ⅰ-⑰

　そのような正方形を基本とする形状を2枚くっつけると、みなさんがよく知っているかもしれない（畳を基本とする）テセレーションになります。

　次の図Ⅰ-⑱に示すこんな敷石を見たことありませんか？

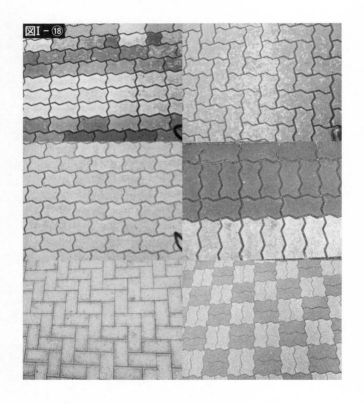

図Ⅰ-⑱

　先ほどの畳と同じ並べ方ができる理由は、短い辺は180度の回転対称形で、長い辺はそれを2回繰り返したようにデザインされているからです。回転対称性のある辺にはこんな芸当ができるのですが、テセレーションとしての芸術性はあまり高くありません。

　それでも少しばかりふしぎな模様であることは確かです。用途によって使い分けるということでしょう。

◆ フレーム

　テセレーションを作る際に重宝されるのが、「フレーム」という考え方です。

　たとえば、ここまでに紹介した正方形のフレームとして使われたのは、よく窓枠の絵などで見かけるように、「田の字」を並べたような基本パターンでした。要するに、オセロやチェスボードのようなものを「正方形のフレーム」と考えて差し支えありません。

　ある辺に凹凸をつけると、隣のセル――先ほどの例で折り紙に当たる四角形――に必ず逆の凹凸が出現しますから、それによって全体のデザインを決めることになるのです。

　ただし、奇数の辺の形状（たとえば正三角形）は、凹凸をつけると余ってつけられない辺が出てきます。奇数辺の形状で凹凸を作る場合は、辺の形状をその中心点で 180 度回転して同じになる凹凸を含むようにします。

　最も基本的なフレームは、前述のとおり、正方形（長方形）、正三角形（三角形）、平行四辺形（ひし形を含む）、そして正六角形です。数学上は正三角形フレームと正六角形フレームは同じものと見なし、「六方格子」とよぶ場合もあります。

　五角形のフレームもありえますが、少なくともそれらは正五角形ではありません。

　のちの議論で特に重要となるフレームとして、正三角形のフレームを取り上げます。正三角形フレームは図Ⅰ-⑲に示されるようなものですが、よく観察すると、そのフレーム上に別のフレームが同時に存在していることがわかるはずです。

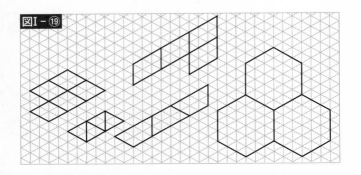

図I-⑲

　図I-⑲に見られるように、ひし形、平行四辺形、正六角形、そして名前のない形状も含めて、多くのフレームに転用可能です。つまり正三角形フレームは、多くのフレームを包含しているのだとも考えられます。

◆ ポリカイト

　ここで「正六角形をさらに分割したフレーム」をあえて紹介しておきます。といいますのは、この形状が今回発見された非周期モノ・タイル（アインシュタイン・タイル）の形状を構成するパーツとなっているからです。

　この形状は「ポリカイト（polykite）」、パーツは「カイト（kite）」とよばれています。このフレームは正三角形と正六角形を重ねて作ったものです（図I-⑳）。

　のちにこのモノ・タイルと、それが非周期であることの証明を見た何人かの研究者（たとえばロジャー・ペンローズ本人）がこう言っているのを、筆者の一人である荒木が聞いています。

　「非周期モノ・タイルがありうるとしても、まさかこんな単

純なフレームやパーツで可能だとは思わなかった。まさしく
盲点だ（オレが見つけることもできたはずだ！）」と。

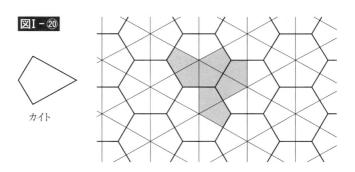

図Ⅰ-⑳

カイト

　今回発見された非周期モノ・タイルについては、この補助
線付きの図を見るとわかるように、カイトのパーツが8個ある
る単純な形状にすぎません。のちに、8個以外にも非周期モ
ノ・タイルになる場合がありえることが判明したのですが、
それに関しては第Ⅴ章、第Ⅵ章で解説します。

◆ 正三角形と正六角形

　正六角形は、辺の中心点で180度回転しても同じ形なら、
その辺どうしを合わせられます。6辺すべて同じなら、どん
な向きでも敷き詰めることができますが、おもしろさには欠
けるかもしれません。中心点で回転対称になっていない辺に
ついては、それとピッタリ合う辺が必要です。

　仮に〤〢のような出っ張ったりへこんだりしている辺が
あると、逆の形状で出っ張ったりへこんだりしている辺が必
要になります。ただし、合わせ方によって、凹凸をつける辺

の方向／向きが変わりますので注意が必要です。マウリッツ・エッシャーは、トカゲのデザインをこの手法でおこなっています。

　正六角形は正三角形6個で成り立っていますから、正六角形のテセレーションは、場合によって正三角形やひし形、あるいは台形の変形形状のテセレーションで成り立つことがありえます。正三角形、ひし形、台形が、同時に正六角形の変形を組み立てることもありえるでしょう（図I-㉑）。

図I-㉑

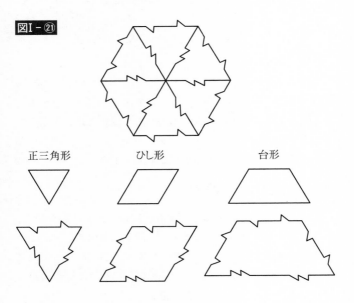

正三角形　　　　　　ひし形　　　　　　　　台形

　そのような例のなかで秀逸な作品として、テセレーション作家の一人、中村誠による「サル」を紹介しておきます（図I-㉒）。

図Ⅰ-㉒

© 中村誠、1995 年

　このサルはニューヨークの「数学ミュージアム
（MOMATH）」で展示されています。

◆ 五角形テセレーション

　五角形のテセレーションにも触れておきましょう。

　正五角形のみでは隙間なく敷き詰めることはできません
が、他の五角形では可能なものが多く知られています。特に、
すべての内角が180度未満である凸五角形については、辺と
内角の条件によって、現在までに15タイプの平面充填可能
な形状が知られています（図Ⅰ-㉓）。

タイプ 1

$A + B + C = 360°$.

タイプ 2

$A + B + D = 360°$,
$a = d$.

タイプ 3

$A = C = D = 120°$,
$a = b, d = c + e$.

タイプ 4

$C = E = 90°$,
$a = e, c = d$.

タイプ 5

$A = 120°$, $C = 60°$,
$a = b, c = d$.

タイプ 6

$A + B + D = 360°$,
$A = 2C$,
$a = b = e, c = d$.

タイプ 7

$2B + C = 360°$,
$2D + A = 360°$,
$a = b = c = d$.

タイプ 8

$2A + B = 360°$,
$2D + C = 360°$,
$a = b = c = d$.

タイプ 9

$2E + B = 360°,$
$2D + C = 360°,$
$a = b = c = d.$

タイプ 10

$A = 90°,\ B + E = 180°,$
$2D + E = 360°,$
$2C + B = 360°,$
$a = b = c + e.$

タイプ 11

$A = 90°,$
$C + E = 180°,$
$2B + C = 360°,$
$d = e = 2a + c.$

タイプ 12

$A = 90°,$
$C + E = 180°,$
$2B + C = 360°,$
$2a = d = c + e.$

タイプ 13

$A = C = 90°,$
$2B + D = 360°,$
$B = E,$
$2c = 2d = e.$

タイプ 14

$A = 90°,$
$C + E = 180°,$
$2B + C = 360°,$
$2a = 2c = d = e.$

タイプ 15

$A = 90°,\ B = 150°,$
$C = 60°,$
$2a = 2b = 2d = c.$

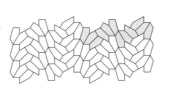

© 杉本晃久

図Ⅰ-㉓

57

これらのうち、タイプ9、11、12、13の4種類は、高等教育を受けた経歴のない主婦、アメリカのマージョリー・ライスという人が発見しています。ちなみに2023年は、ライスの生誕100周年でした。

　凸五角形はフレーム自体が難しいため、テセレーションとして凹凸をつけられないタイプもあります。図I-㉓の凸五角形の敷き詰め例のうち、テセレーションにより向いているのはタイプ1～6、それにタイプ8、11のようです。

　タイプ11などは1種類の図形ではなく、2種類一組の図形でのテセレーションが可能です。ここでは、凸五角形の敷き詰めに詳しい杉本晃久の作品をお目にかけましょう。2021年の年賀状で使用されたものです（図I-㉔）。

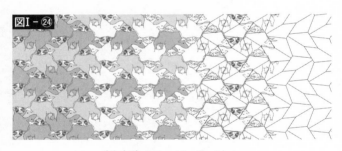

牛と真鴨 ©Teruhisa Sugimoto

◆ ジリ・パターン

どうしても知っておいていただきたい予備知識がもう一つあります。

イスラム社会でよく見かける、「ひもがいろいろな形をとりながらずっとつながる模様」です（図Ⅰ-㉕）。

これを英語で「ジリ・パターン（girih pattern）」といいますが、イスラム圏の微妙な発音で「ギリ」とも聞こえるため、統一的な日本語はありません。本書ではジリ・パターンとしておきます。

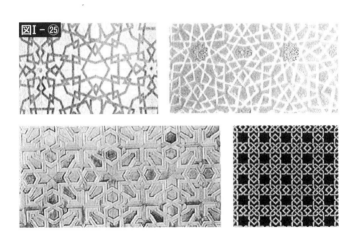

図Ⅰ-㉕

このようにラインがずっと続く模様は、さまざまな時代のいろいろな文化で見られます。おそらく権力者などの血統がずっと続く（続いてほしい）ことを象徴する意味合いも含まれているものと推測されますが、確証はありません。

◆ テセレーションとジリ・パターン

テセレーションとジリ・パターンは、切っても切れないほど深い関係があります。これも百聞は一見に如かず、例を見ながら説明しましょう（図I-㉖）。

図I-㉖

たとえば、正方形の4辺に図I-㉖左上のような4本の線分を描いたとします。これをチェスボードのように並べると、すべてのラインがつながります。たまに方向のリズムを変えても、あるいは正方形の半分だけずらしても、異なったパターンが展開しますので、見て楽しいものになります。

テセレーションとして、平面を隙間なく敷き詰める形状の各辺がつながるように表面にラインを引けば、正方形でなくともジリ・パターンが作れます。

ただし、奇数の辺の形状（たとえば正三角形）は、中央か

ら線を引くと余って引けない辺ができます。もし奇数辺の形状でジリ・パターンを作りたいなら、各辺から偶数本のラインを引く必要があります。

　正六角形は辺が偶数なので、中央のラインでもジリ・パターンはできます。そんな例を一つ見ていただきましょう（図Ⅰ-㉗）。

図Ⅰ - ㉗

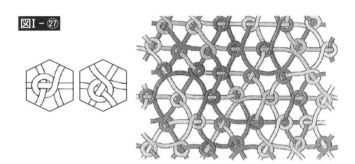

　美しく、かつおもしろいパターンですが、正六角形の中央につながるポイントがあるかぎり、正六角形内部の形は自由です。さらに自由度を増して、たとえばこんなジリ・パターンを作ってみました（図Ⅰ-㉘）。

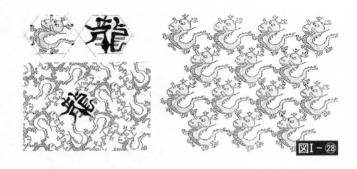

図I-㉘

テセレーションをジリ・パターンに変換する場合、図形の中にラインを描くケースと、図形の形状にそってラインを引くケースがあります。そしてラインを引いたのち、あえて不要なラインを消すこともよくあります。

次の図I-㉙は、図形の形状にそってラインを引いた例です。右下は右上のような模様から、不要なラインを消し去ったあとのパターンです。

図I-㉙

これらの10回対称図形は、よく似た応用形がのちに登場します。しかも、本書の話の筋道においてきわめて重要になりますので、よく覚えておいてください。

また、ジリ・パターンは、一種の「マッチング・ルール」（マッチング・ルールについては次章で解説します）として、テセレーションの図形を正しく並べる手掛かりともなります。

◆ 五角形をもとにしたジリ・パターンの例

タイプ4に属する凸五角形のフレーム上に、絵を描いてみました。巳年の年賀状用に作ったものですが、これはヘビのジリ・パターンです（図Ⅰ-㉚）。

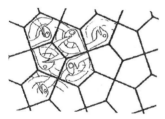

図Ⅰ-㉚

並べたあとで、フレームを消したのが図Ⅰ-㉚右です。フレームを消すことで少々おもしろいデザインになりました。このように、ジリ・パターンはいろいろな応用が可能です。

◆ 球面テセレーション

少し話を広げて球面テセレーションについて考えてみましょう。

サッカーボール（図I-㉛左）は、正五角形と正六角形を組み合わせたパターンがポピュラーですが、他にもいろいろなタイプがあります。球面全体をジリ・パターンにしたものすら可能です（図I-㉛右）。

図I-㉛

　これはのちに登場する3次元物体（結晶体：第Ⅳ章参照）の一つのヒントになっていますが、今は単に予備知識にとどめましょう。

　たとえば正十二面体の展開図に、図I-㉜に示すような絵を描いて、立体形に組みますと、おもしろい立体表面のジリ・パターンができ上がります。各ヘビは自分の尻尾をくわえています。

図Ⅰ-㉜

　球面テセレーションにおいて、中村誠ほど優れた作品を残した人はいないでしょう。筆者らのお気に入りを3つほど見ていただいて、テセレーションの締めくくりとします（図Ⅰ-㉝）。

図Ⅰ-㉝

中村誠による作品

周期タイルと非周期タイル

——ペンローズ・タイルの誕生

II 章

序章でも説明したとおり、「平面を隙間も重なりもなく敷き詰める図形」を探究する「平面充塡」にとって、最も興味深いのは「非周期的」に敷き詰められる図形を見出すことです。

「どんな形状がそれを可能にするか」「いかに少ない種類の図形でそれを可能にするか」を追い求めた結果、ついに「たった1種類で非周期的な平面充塡だけを可能にする図形」＝アインシュタイン・タイルが見つかったわけですが、本章ではあらためて、周期的に平面を敷き詰める図形＝「周期タイル」と、非周期的にだけ平面を敷き詰める図形＝「非周期タイル」について詳しく見ていきましょう。

　また、今後は平面を敷き詰める図形のことを「タイル」とよびます。

◆ 「不」周期と「非」周期

「複数の方向（逆向きを除く）の平行移動対称性をもつ」模様を周期的とよびました（33ページ参照）。

　畳を並べる方法がいくつもあったように（前章参照）、周期的な模様のタイルの並べ方ですら1通りとは限りません。

　たとえば、次の図Ⅱ-①を見てみますと、まったく似ていない周期的な模様が、同じ形状のタイルで作成されています。それでも、これは単なる周期タイルにすぎません。

図Ⅱ-①

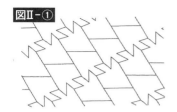

(Grünbaum & Shephard, 1987)

　それに対し、「複数の方向（逆向きを除く）の平行移動対称性をもたない」模様を非周期的とよびました（33ページ参照）。

　序章で見た例（20ページ図 J-③）のように、ある種のタイルやタイルの組は、周期的な模様にも非周期的な模様にも並べることが可能です。

　周期的にも非周期的にも模様ができるタイルやタイルの組を使ってできた周期的でない模様は、一部の専門家たちの間では「不周期的（non-periodic）」な模様ともよばれます。本書もそれを踏襲し、以降、「非周期的（aperiodic）」は「周期的な模様に並べられない」タイルを指す場合に使用し、他方「不周期的（non-periodic）」は、「周期的にも、そうでない模様もともにできるタイルやタイルの組を使った周期的でない」模様を指す場合に使用します。

　序章の例では、二等辺三角形の不周期的な模様を紹介しましたが、それを変形した例を見ていただきましょう。凹凸をつけてもテセレーションが成立する一つの実例です（図Ⅱ-②）。

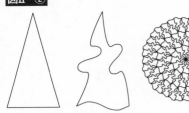

◆ 真の非周期タイル

　これまで見てきたいくつかの不周期的な模様に現れるタイルの例は、周期的でない模様に並べられると同時に、周期的な模様にも並べることが可能でした。ここで湧き上がる疑問は、おそらく次のようなものでしょう。

「周期的でない模様しかできないタイルの形状（2種類以上の異なるタイルでも可）はあるのだろうか」と。要するに、「真の非周期タイルやタイルの組がありうるか」という疑問です。

　繰り返しになりますが、そのようなタイルやタイルの組は、20世紀半ばまでは、存在することすら疑問視されていました。ここからの説明は、マーチン・ガードナーによる1977年の数学コラム（「Scientific American」誌）を参考にした内容であることをお断りしておきます。

◆ ワンのドミノ

　1961年に中華系アメリカ人の哲学者・数理学者であるハオ・ワンは、正方形タイルの各辺に色をつけ、「合わされる

辺どうしが同じ色になるような置き方」に関する研究論文／記事を公刊しました。数学者の間で「ワンのドミノ」とよばれているタイルで、異なる辺に同じ色がつけられていてもかまいませんが、回転や反転はできません。

ワンの主張は、仮に置き方に決定手順があるとすれば、そのときに限り「平面を非周期的に隙間なく敷き詰められるタイルの組は、周期的にも敷き詰められる（はず）」というものでした。少しややこしい物言いですが、早い話が「非周期的にのみ敷き詰められるタイルやタイルの組は存在しない」という仮説です。この仮説自体は、本書の議論とあまり関係がないので、忘れていただいてかまいません。

ワンのドミノは、回転や鏡映が認められないため、本書でここまでに取り上げた平面充填とは異なります。しかし、その考え方は、非周期タイルの研究を結果的に前進させるものでした。

ワンにとっては残念なことに、1964年に弟子のロバート・バーガーが、ワンの予想が間違っていることを示しました。つまり、理論上ではあるものの、「非周期的にのみ平面充填ができるワンのドミノが存在する」ことを証明したのです。

実際に「2万426種類のタイルによる非周期にしか敷き詰めることのできない組」の存在を示すことに成功したのは、1966年のことでした。

バーガーはのちに、その数を「104枚」にまで減らすことに成功し、1968年にはドナルド・クヌースがさらに92枚まで減らすことに成功しています。

◆ より「エレガントな解」を求めて

　数学者は、同じ問題を解くにおいても、なるべく簡素な解答を求めるきらいがあります。わかりやすくいえば、「エレガントな解」を求める傾向が強いのです。

　したがって、非周期的にしか平面充填できないタイルの組が存在し、それが当初は2万枚だった時代から104枚、92枚と減ったとき、数学上の業績として大きな評価を受けたのは当然でした。

　この枚数の減少競争は、双子素数の間隔を短くしようとする競争にも似ており、これ以後も続きます。一般の人々にはあまりピンと来ないかもしれませんが、この競争はエレガントさの戦いでもあるのです。

　最初に大きな前進を見せたのは、レイフル・ロビンソンでした。ロビンソンの名前は、後でペンローズ・タイルに関連して出てきますので、覚えておいてください。

◆ ロビンソンのタイル

　バーガーやクヌースの非周期タイルは、ワンのドミノに準ずる考え方に基づいていました。つまり、回転と反転（鏡映）を許さないというものです。

「上は上のまま、左右もそのままにしか置いてはならない」というルールを遵守していたので、本書が論じている平面充填やテセレーションと同列に扱うわけにはいきません。しかし、次の図II-③に見られるように、1960年代当時の最少記録（クヌースの92枚）を大幅に下回る、6枚のタイルがロビンソンによって発表されたのは、1971年のことでした。

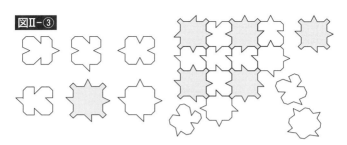

図Ⅱ-③

　ロビンソンのタイルは、正方形を基本としたタイルの組ですが、辺や角に凹凸をつけることで、回転も反転も可能な、いわゆる普通のタイルになっています。勘の良い人は、ワンのドミノの各辺の色の代わりに凹凸をつけたタイルのセットと同じ効果があることを見てとれると思います。

　ワンのドミノのように「色をつける」並べ方のルールと、「凹凸をつける」ことの差に触れておく必要があるでしょう。少し寄り道します。

◆ 敷き詰めの「強制性」とはなにか

　ワンのドミノにおいては、「隣接した同じ色の辺をくっつける」ことが条件とされていました。このような並べ方に関する条件は「マッチング・ルール」とよばれていますが、これについては後で詳しく解説します。

　いずれにせよ、この並べ方のルールは、タイルの形状とは関係がありません。つまり、条件ではあっても、物理的に「非周期性を強制する力」はなかったといえるわけです。

　それを解決する一つの有力な方法は、ドミノの正方形の各辺に「色ではなく別々の凹凸をつける」ことです。次の図Ⅱ-

④に例を示しますが、凹凸によって種類の異なる辺を合わせようとしても、物理的にそれができない形状にしてしまうことで、並べ方が強制されます。

図Ⅱ-④

着目してほしいのは、各辺に異なる凹凸が与えられ、その凹凸は「各辺の中心で180度の回転対称になっている」点です。こうすることで、同じ色を合わせるルールと同じ強制性が保たれるのです。

こんどは逆に、ロビンソンの6枚のタイルが、仮に異なる4色で塗り分けたワンのドミノだと考えてみましょう。1枚

のロビンソンのタイルは回転と反転を許容するので、8通り
（＝4方向×反転［2］）のワンのドミノがあるのと同じだと
考えられます。するとロビンソンは、最大48枚（＝8通り×
6枚）のワンのドミノに減らしたことになります。

　しかも、ロビンソンのタイルの形状を見ると明白ですが、
6枚のうち何枚かは線対称、あるいは回転対称の形状なの
で、48枚よりさらに少ない数に減らすことが可能です。ロビ
ンソンのタイルをワンのドミノに置き換えると、実際には
32枚まで減らせることがわかり、クヌースの92枚の記録を
大幅に更新していることになりました。

◆ ロビンソンのタイルの非周期性の証明

　ある形状の組が、非周期にしか敷き詰められないことの証
明方法は、難解なものが多く、本書では深く踏み込みませ
ん。ところが、ロビンソンのタイルについてはエレガントな
証明があります。ここでは詳細な説明は省きますが、おもな
流れについて紹介しておきましょう。

　6枚のタイルのうち1枚だけが角の出っ張った形状をして
いますが、それが他のタイルのつなぎ役となっています。そ
れを前提として、次の図Ⅱ-⑤a〜cの3種の並べ方が考え
られます。しかし、最初の2つ（aとb）では並べられない
ことの証明は（省きますが）容易で、結果としてありえるの
はcのみです。

　それをふまえたうえで、6枚のタイル上に図Ⅱ-⑤の右下
に示すような線分を加えます。

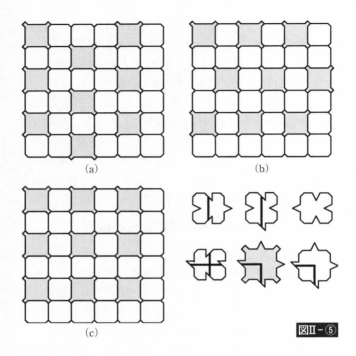

(a)

(b)

(c)

図Ⅱ-⑤

　まず図Ⅱ-⑥の左上に示した9枚（＝3×3）の正方形に近づく並べ方をします。この9枚の正方形をもとに、より大きな正方形に拡大する方法を説明します。ここも証明は省きますが、図を拡大していける9枚の正方形を並べる方法は他にありません。

　するとこの9枚には、中央に「線分による正方形」が現れることに気づくでしょう。そしてそれ以外に、左下部分に太線（図中ではより太く強調されています）で、大きめの正方形の一部（4分の1ほど）が出現していることにも気づかれ

るでしょう。

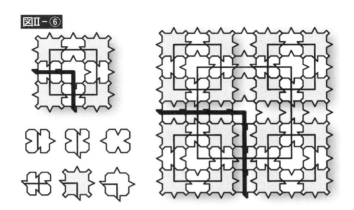

図II-⑥

　この太線の大きめの正方形を完成するためには、図の右に示した49枚（＝7×7）の正方形に近づく並べ方をします。先の9枚の正方形を四隅に回転して配置した後、6枚の中からうまく合う形状のタイルを、四隅の正方形の隙間に入れる必要があります。スペースの関係でその証明も省略しますが、その方法も一義的です。

　そうすると、図II-⑥右に見られるように、49枚の正方形の左下にはさらに大きな「線分による正方形」の右上部分（4分の1ほど）が太線（図ではあえて太く強調されています）で出現します。

　こうして一義的（強制的）に並べられたタイルの表面の線分は、徐々に大きな正方形を作り続けます。この「正方形が大きくなり続ける」という事実こそが、敷き詰めが周期的でないことの証明の重要なポイントです。

さらに大きくして、次の図Ⅱ-⑦のようにさまざまなサイズの「線分の正方形」が交差する模様が現れます。ある同じサイズに着目すると、正方形が一定の間隔で離れて並ぶのが見えるでしょう。

　もしこの模様が周期的だと仮定すれば、この模様は平行移動対称性をもち、その平行移動の長さは固定されます。

　ところが、その固定の長さを超える大きいサイズの正方形は無数に存在します。同じ大きいサイズに着目すると、やはり正方形が一定の間隔で離れて並んでいるのです。

　その固定の長さで、この大きいサイズの正方形を平行移動すると、矛盾が生じます。離れているはずの正方形どうしが交差することになるのです。

　この矛盾により、この模様は平行移動対称性をもたない、つまり、この模様は非周期的だといえるのです。

　また、正方形を大きくする方法は一義的であり、その模様はつねに非周期的になることから、ロビンソンのタイルは非周期的なタイルだと証明できます。

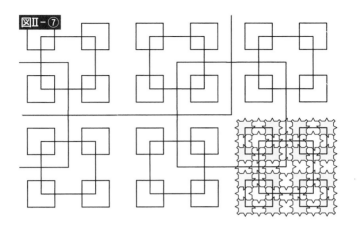

図Ⅱ-⑦

　ロビンソンのタイル以外にも、在野の数学者であるロバート・アムマンによる、よく似た別のタイプの6枚のタイルの組などがあります。アムマンは、次章以降でたいへん重要な位置を占める人物であることが示されますので、名前だけでも覚えておいてください。

◆ マッチング・ルール

　ロビンソンのタイルの組み合わせ方は、ワンのドミノのように凹凸をつけない正方形のままで、たとえば次のように決めてもよかったはずです。つまり、「表面の線分を必ずつなげること」というルールを守りつつ、「ずっと広げて敷き詰められるようにタイルを並べていく」、と（実際には、このルールにはもう少し追加が必要となるでしょう）。

　正方形の表面に線を描こうが、ワンのドミノのように色分けをしようが、ルールが確定してさえいれば本質は変わりま

79

せん。ただし、凹凸をつけて強制するほうが、よりスッキリすることは、前述したとおりです。

　先ほど、強制性がない状況でタイルの合わせ方（並べ方）をなんらかの方法で指示することを、「マッチング・ルール」とよびました。ワンのドミノなら「同じ色の辺を（方向を変えずに）ピッタリ合わせる」、正方形で凹凸のないロビンソンのタイルに関してなら「表面の線分がつながるように、かつずっと敷き詰めていけるように並べる」というのがマッチング・ルールの例です。

　数字や記号どうしを合わせるタイプもありますが、マッチング・ルールに関しては、今後も何度か登場します。最後まで重要なポイントになりますので、忘れないようにしてください。

◆ 正五角形を分割する ──ペンローズ・タイルへの道のり

　ロジャー・ペンローズは、正五角形の中を、とりうる最大面積の正五角形６個──つまり、中央に１個、各頂点に１個ずつ５個──に分け、中央の小さな正五角形を、同じようにしてさらに小さな正五角形に分割していきました。

　正五角形だけではテセレーションのように隙間なく敷き詰めることができないので、隙間が出現することは、当然ですが避けられません。次の図Ⅱ-⑧左に示される太線は、正五角形を小さくしていくプロセスでできた線で、残りの形状に関してはこれから解説します。

図Ⅱ-⑧

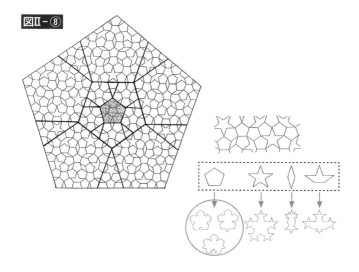

　これらの隙間をいくつかのパーツに分け、平面を敷き詰めるのに必要な形状を考えます。ペンローズが見出したのは、図Ⅱ-⑧右の中央に破線で囲んだ4種類でした。

　ただし、詳細は省きますが、4種類のうちの一つである正五角形には、3種の別々のマッチング・ルールに分けられる必要がありました。そこで、凹凸をつけた強制形状として考えるなら、図Ⅱ-⑧右の下側に示した6種類のタイルの組になります（強制のための凹凸を加えてあります）。この6枚の組は専門家の間で「P1」タイプとよばれていますが、フェドロフの17類型に登場する略記号との混同のおそれもあるため、本書では単に「6種のタイル」とよんでおきます。

　正五角形には中心点がただ一つありますが、その中心点で72度ずつ回転していくと、ピッタリ重なることは自明です。

つまり、細かく分けた正五角形をずっと細かく分け続けたとしても、前章で説明した「5回対称性をもつ」状態だと表現できます。

　中心点付近以外の正五角形をずっと拡大していけば、中心点付近と良く似たパターンが各所に登場します。しかし、それらに現れるのは「ニセの中心点」であり、72度回転しても図全体が重ならないことの証明は難しくありません。

　すなわち、5回対称性の「中心点はただ一つだけ」という結論になり、正五角形を分割した図（あるいは逆に、同じ方法で拡大した図）は、全体で見れば非周期的な敷き詰めだといえるわけです。

　ペンローズの6種のタイルにおいて、凹凸ではなくマッチング・ルールとして便利だと考え出された補助線と辺の記号は、次の図II-⑨に示された6通りになります。

　これは Grünbaum & Shephard（1987）からの引用ですが、同じ数字どうしで頭の上にバーのないものとあるもの（たとえば1と$\bar{1}$）が合わさるというマッチング・ルールにしたがって描かれています。

図Ⅱ-⑨

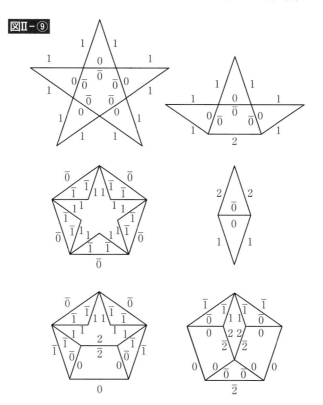

◆ ペンローズ・タイルの誕生 ——凧と矢

　正五角形の分割方法は、新たな思考プロセスに道を開きました。すなわち、「正五角形の切り方をさらに工夫することで非周期タイルの種類を減らせるのではないか」という観点です。

このような発想から生まれたのが、一般に「ペンローズ・タイル」として知られている2種のタイルです（図Ⅱ-⑩）。発表されたのは、1974年のことでした。

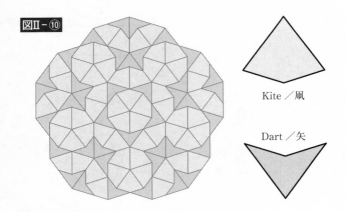

図Ⅱ-⑩

Kite ／凧

Dart ／矢

　ペンローズは太いほうのタイル（図Ⅱ-⑩右側の上図）を「カイト（Kite ／凧）」、細いほう（図Ⅱ-⑩右側の下図）を「ダート（Dart ／矢）」と命名しています。本書では両者の頭文字を使って、この2種のタイルの組を以降「ペンローズ（KD）タイル」とよぶことにします。

　この2種のタイルは、凹凸をつけることで非周期タイルになります。ただし、何通りもの非周期的な敷き詰めが存在しますので、ジグソー・パズルのように正解は1つではありません。それでいて周期的に敷き詰めることができないのです。

　ペンローズ・タイルの誕生によって、1970年代の半ばには、非周期的にしか敷き詰められないタイルの種類は2枚まで減らせることになったわけです。

　ペンローズ・タイルについては、のちの議論で特に重要となるため、次章でもさらに詳しく述べることにします。

◆ モノ・タイルへの挑戦

　２種類のタイルで非周期性を強制できたのだから、「残すは１種類のタイル（モノ・タイル）だ」と考えるのは自然なことです。事実、多くの研究者や数学愛好家たちが、非周期モノ・タイルにチャレンジしていたことはよく知られています。

　ペンローズが利用した「正五角形」、およびその結果としてひんぱんに登場することになった「正十角形」――これについては、次章によく登場するでしょう――は、そのヒントとしていくつかの試みがなされました。

　たとえば、「スマイル・タイル」として知られているタイルがあります（図Ⅱ-⑪）。秋山久義（2005）によれば、アメリカの「Design Science Toy」社によって、おもちゃやパズルの一種として作られたそうです。

　このタイルは正十角形の一部を切り落とした形状をしています。残念ながら周期的にも敷き詰められますが（図Ⅱ-⑪上）、非周期的な敷き詰めを含め、多様で複雑な並べ方が可能です。

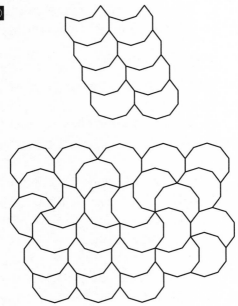

(秋山久義、2005 より)

　正十角形をもとにして独自のルールのタイルを考え出した
のが、ドイツの数学者であるペトラ・グンメルトで、1996
年のことでした。正十角形の表面に特殊な柄をつけて、「濃
い色のエリアが重なるなら重ねてもよい」というルールで並
べる、一種のパズルのようなタイルに仕上げました。

　そのルールはのちに重要な意味をもつことになります。グ
ンメルトのタイルの敷き詰めは、実験室で作られたある結晶
体と瓜二つの模様だったのです（図Ⅱ-⑫）。この結晶体（準
結晶）は、第Ⅳ章で登場します。

図Ⅱ-⑫

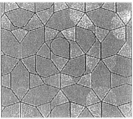

ペトラ・グンメルトの
十角形タイル

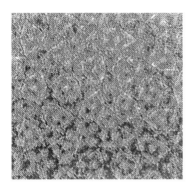

ポール・J・スタインハートとC・
ヒョンチャイによるアルミニウム、
ニッケル、コバルトの合金準結晶
画像（マリオ・リヴィオ、2005）

　重ね合わせを許すマッチング・ルール付きでなら、１枚で
も非周期に敷き詰めることが可能になったわけですが、これ
らは隙間も重なりもない平面充填とはいえません。

　もう一つの苦肉の策は、タイルに「非連結性」を許すこと
です。これはデューク大学のJ・E・ソコラーとJ・M・テイ
ラーという２人によって2010年に考え出されたタイルで、
１枚のタイルが複数のバラバラの図形の集合体である複雑な
形状をしています。

　次に示す図Ⅱ-⑬は、筆者の一人である荒木がそれをもと
にデザインしたものです。

図II−⑬

©Yoshiaki Araki

　2種のタイルによる非周期タイルはその後、何通りも見つかっていますが、2022年までは、非周期だと証明されたモノ・タイルは未発見でした。他の多くの試みも、ペンローズ・タイル登場以降の半世紀にわたって、すべて失敗に終わっていたのです。

　2023年のアインシュタイン・タイルの発見がいかにインパクトの大きいものであったかが容易に想像できますが、この話は第Ⅴ章以降で詳しく紹介します。お楽しみは今しばらくお待ちいただくことにして、まずはペンローズ・タイルについて、もう少し詳しく知っていただくことにしましょう。

ペンローズ・タイルとはどのようなものか

III 章

◆ マーチン・ガードナーの功績

ペンローズ・タイルが世に広く知られるようになったのは、「Scientific American」（日本では「日経サイエンス」）という月刊科学誌の、「数学ゲーム」というコラムを担当していたマーチン・ガードナーに負うところが大きいと考えられます。

ガードナーは1977年1月号（日本では同3月号）で、ペンローズ・タイルと、それにまつわるそれまでの研究の進捗状況を報告しました（図Ⅲ-①）。

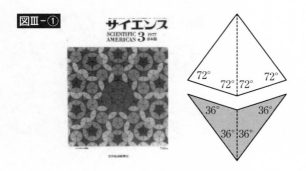

図Ⅲ-①

同誌の表紙を飾っている模様を構成するタイル（2種類。図Ⅲ-①右に示してある）が、最初に公表されたペンローズ・タイルです。前述のとおり、この2種類のタイルはそれぞれ、「カイト（Kite／凧）」と「ダート（Dart／矢）」とよばれており、2つを一組でよぶ際は「ペンローズ（KD）タイル」と記すことにします。

カイトとダートの四角形は、底角がそれぞれ72度、36度

の2つの二等辺三角形に合同に分割できます。

　ちなみに、表紙絵の色を変えてある部分——特に中央の正十角形とその内部——の並びは、のちに言及することになります。よく覚えておいてください。

　ガードナーの手による「数学ゲーム」のコラムは、数学好きの人々には有名で、特に筆者らを含む数学パズル愛好家にとっては、バイブル的な存在ともいえるほどです。筆者の一人である谷岡は、1977年にそのコラムを読んだときの興奮を今でもアリアリと想い出せるほどです。

◆ ペンローズ・タイルのバリエーション

　図Ⅲ-①のペンローズ・タイルが四角形であることに気づいた方は、ある疑問をもつかもしれません。タイルの形状が四角形であれば、平面充塡可能だと説明されていたわけですから、「これらは本当に非周期タイルなのか」と。

　じつは、カイト（凧）とダート（矢）のタイルの形状は、タイルの並びをわかりやすく示すために単純化したものなのです。非周期を強制するペンローズ（KD）タイルは、四角形に凹凸がついたような形状をしています（図Ⅲ-②）。左がカイト（K）で、右がダート（D）です。

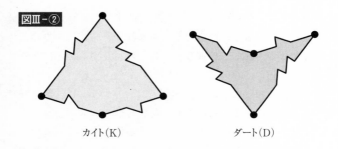

図Ⅲ-②

カイト(K)　　　　　　　　　ダート(D)

　この凹凸は、タイルどうしの辺のかみ合わせルールを強制的に決めており、ペンローズ（KD）タイルで非周期な模様だけができるようにするためのものです。

　のちに見ていただきますが、単純化された四角形においても、非周期性を強制するために、凹凸の代わりにタイルの表面に印や模様を描く方法があります。この方法については、本章後半の「マッチング・ルール」の項で詳しく説明します。

　さて、ペンローズ（KD）タイルは図Ⅲ-②に限らず、凹凸の度合いを変えることで、さまざまな形状のバリエーションが作成可能です。この図中のカイトとダートそれぞれにおいて、４個の黒点が頂点で、それらをつなぐ２種類２個の辺があります。これらの辺の形状は、①２回対称・線対称でないこと、②交差しないこと、の２条件を満たせば、自由な凹凸をつけることができるのです。

　また、同じ種類の辺どうしは、共有する頂点を中心点として回転移動で重なるように配置するものとします。

　次の図Ⅲ-③は、ペンローズ（KD）タイルの辺を複雑な曲線に変形させた一例です。２種類のタイルを（向きを変えた

りしつつ）じっと見ていると、何かの動物の姿に見えてくるでしょうか。

図Ⅲ-③

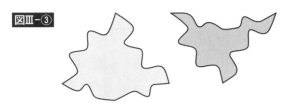

◆ ひし形のペンローズ・タイル

　ロジャー・ペンローズがペンローズ（KD）タイルを公表したのは、特許の申請を待っていたこともあって、発見より2年遅い1974年のことでした。

　それからほどなくして、ペンローズは別のタイプのペンローズ・タイルを見つけ出します。「太ったひし形」と「細いひし形」の2種のタイルという、よりスッキリしたペアでした（図Ⅲ-④）。このタイル・セットを「ペンローズ（ひし形）タイル」とよぶことにしましょう。

　これらのひし形は、底角がそれぞれ36度、72度の2つの二等辺三角形に合同に分割できます。

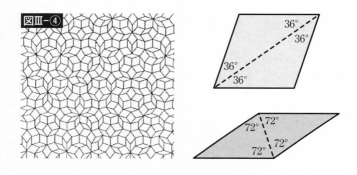

図Ⅲ-④

勘のよい方は、このペンローズ（ひし形）タイルも単純化した形状にすぎないことに気づかれたでしょう。ペンローズ（ひし形）タイルは本来、ひし形に凹凸がついた形状をしています（図Ⅲ-⑤）。左が「太ったひし形」で、右が「細いひし形」です。

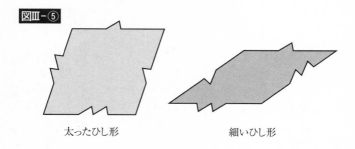

図Ⅲ-⑤

太ったひし形　　　　　　　　細いひし形

ペンローズ（KD）タイルと同様に、ペンローズ（ひし形）タイルも、凹凸の度合いを変えることでさまざまな形状のバリエーションを作れます。

ペンローズ（KD）タイルとペンローズ（ひし形）タイル

は、同じコンセプトからスタートし、切り方を変えたにすぎません。このため、一方の平面充塡模様は、他方の平面充塡模様へと変化できます。ペンローズ（KD）タイルの上に柄を描くと、ペンローズ（ひし形）タイルの模様が現れます（図Ⅲ-⑥）。

図Ⅲ-⑥

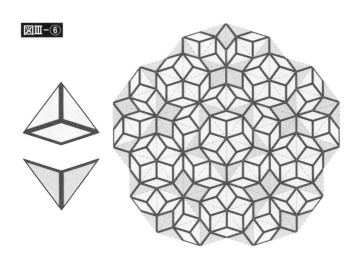

　ペンローズ・タイルには、この他にも多くの別タイプが存在します。これらのタイプはタイルの組の要素も2種類だけではなく、見かけも異なるものばかりですが、じつは、どれも本質的に同じものであることがわかっています。

　ペンローズ自身が初めに見つけたペンローズ・タイルは、第Ⅱ章で紹介した6種類のものです。また、数学的に取り扱いやすいペンローズ・タイルには4種類の「ロビンソンの三角形」というものが有名で、本章の後半で詳しく説明します。

◆ パズル・アートとしての広がり

　詳しくは第Ⅳ章で触れますが、ペンローズ・タイルの発見は、数学のみならず科学の世界に大きな影響を与えました。

　一方、パズルやアートの分野にも大きな影響を与えています。以下では、ペンローズ自身によるパズルをはじめ、おもに筆者らが所属する日本テセレーションデザイン協会におけるパズルやアートの展開事例を紹介します。

　また、興味深いことに装飾の分野では、ペンローズによる発見以前から「ペンローズ・タイルに基づいた使われ方」をしていた痕跡が見つかります。この点についても、のちほど詳しく紹介します。

◆ ペンローズが作成したパズル

　視覚的によりおもしろいのは、２つのタイルに凹凸をつけて特定の辺しか合わせることができないように、強制性をもたせる工夫をすることです。

　ペンローズが自ら作成した、俗に「ペンローズのチキン」とよばれているタイルをご覧いただきましょう（図Ⅲ-⑦左）。

　同右は、それをもとに商品化された、「Pentaplex」と名付けられたパズルで、イギリスで市販されていました。

図Ⅲ-⑦

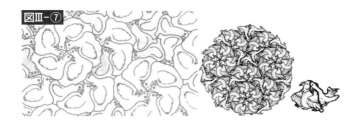

　このような凹凸をつけた形状のバリエーションが、無限に存在することは容易に理解できるでしょう。

　ペンローズのチキン・タイルの例のように、各辺に凹凸を加え、表面に適切な絵を描くことで、視覚的にもユーモラスな作品を作ることができます。下地としてまず数枚のタイルを描いておけば、凹凸がつけやすくなります（図Ⅲ-⑧）。

図Ⅲ-⑧

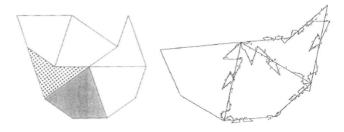

　図Ⅲ-⑨は作成例の一つですが、筆者の一人である谷岡によるもので、「キンドラーとゴジベエ」という作品です。本当は有名な怪獣2匹の名称にしたかったようですが、コピーライトの関係で、こんな名前になりました（キンドラーには

97

首が3つありますでしょう?)。

　複雑なわりにピタっとはまる形状ですので、サイエンス関連のワークショップでも、小学生などが手に取ることの多い、人気のアイテムです。一種のパズルのような感覚でしょうか。

図Ⅲ-⑨

　中村誠による作品のいくつかを紹介しておきましょう(図Ⅲ-⑩)。

図Ⅲ-⑩

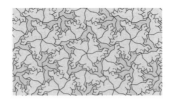

Fat and Skinny cats
©Makoto Nakamura

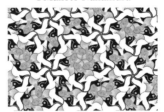

Penguins and Fish（penrose tile）
©Makoto Nakamura

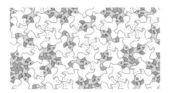

Cats and Fish（penrose tile）
©Makoto Nakamura

　ペンローズ・タイル表面のマッチング・ルールと形状（凹凸のつけ方）の変更を同時におこなうこともありえます。図Ⅲ-⑪は、サンフランシスコ空港の第3ターミナルの壁に貼られた作品で、アン・プレストンによる「You Were In Heaven」と題されたものです。

図Ⅲ-⑪

　形状は変えられ、表面には３次元的なマッチング・ルールらしきものが見えますでしょうか。残念ながら多くの人は、単なる飾りだと思って通りすぎているようです。

◆ イスラムの幾何学

　イスラム教の礼拝所であるモスクには、不思議な幾何学模様が多く登場します。描かれたものやタイル状のものを並べた模様もありますが、テセレーションやジリ・パターンが色彩も鮮やかに登場します。バリエーションは限りなく存在します。

　スペイン南部のグラナダ（スペイン最後のイスラム王朝「ナスル朝」の首都）にあるアルハンブラ宮殿は、いたるところで幾何学模様やジリ・パターンが訪れた者の目を楽しませてくれます（図Ⅲ-⑫）。イスラムのパターンを多く研究したクリチュロフ（K. Critchlow、1976）によれば、フェドロフの17類型もすべて存在するとのことです。果たしてホントかウソか？　信じておくことにしましょう。

図Ⅲ-⑫

◆ アルハンブラ宮殿の「凧と矢」

カイト（凧）とダート（矢）の形状を元にした（下絵として利用した）アルハンブラ宮殿のジリ・パターンのデザイン（図Ⅲ-⑬左）は、エッシャーも模写しています。

この「凧と矢の下絵らしきものは、12世紀のイスラムのデザイン・メモに残されている」と、ダンラップ（R・A・ダンラップ、2003）が述べていることも紹介しておきます（同右）。

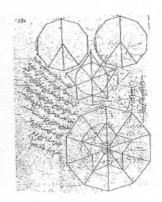

アルハンブラ宮殿の五角形を基本と　　1180 年のイスラム・デザイン（メモ）
するパターン（K. Critchlow, 1976）　　　（R・A・ダンラップ、2003）

　どちらのデザインも、正五角形と正十角形を基本コンセプ
トとして作図をしているなかで、自然にこれらの形状に到達
したものと考えられます。12 世紀ごろのイスラム圏の数学
は、当時の世界において最も進んでいました。ヨーロッパで
はヨハネス・ケプラーがこれに近い図を発表していますが、
かなり後の 16 世紀になってからのことです。

　古代ギリシャの大学者プトレマイオスは、2 世紀に天動説
を理論化しましたが、それにつれてキリスト教の力が増し、
残念なことにヨーロッパでは学問の沈滞期に入ります。この
沈滞期はおよそ 1000 年続き、古代ギリシャ・ローマ時代に
築かれた優れた「論理思考・科学的知見」は、あらかた失わ
れていきました。それを細々と継承していたのが、イスラム
圏の人々です。

　古代のヨーロッパにおいて、数学はほぼ幾何学に特化した

学問でした。というのも、軍事や建築に必要な知見は、代数よりも幾何学を中心としていたからです。イスラム社会でも同様で、そのため幾何学は重要視されていました。

イスラム教は偶像を禁止しているため、壁や床を埋める模様は、自然と幾何学模様が中心となります。しかも、神を称える壁を埋めるパターンは、より洗練された美しいものでなくてはなりません。

日本や他の国なら、単調さを嫌ってアクセントをつけたり、破調を加えたりすることもありますが、イスラム圏においては、それは一種の冒瀆にあたると考えられていたのでしょう。こうして、世にも美しい幾何学模様が作られ、守られてきたわけです。

◆ ペンローズ・タイルがあった！──イスファハンの発見

2007年、ペンシルバニア大学の研究者（院生）であったピーター・ルウと、同教授のポール・J・スタインハートが重要な発見を「Science」誌上で発表しました。

イランにあるモスクのスパンドレル（壁面の一部）で使用されている3800枚ものタイルの並びが、ペンローズ・タイルの並べ方のルール（規則）に従っているというのです。これにより、ペンローズが1974年に発表した正五角形を元にしたコンセプトは、500年も前にすでに発見されていたことが判明したのです（図Ⅲ-⑭）。

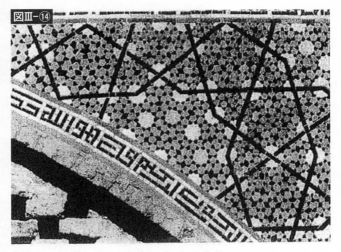

　首都テヘランから南方に100kmほど離れたイラン中部に、かつての王朝イスファハン（エスファハンとも）があります。世界遺産に指定されたダーブ・イ・イマーム広場には壮麗なるモスク「（英語で）フライデー・モスク」があり、同モスクが"ペンローズ・タイル"の発見場所です（図Ⅲ-⑮）。碑文によれば、完成は1453年のことだそうです。

　ウズベキスタンやイラクでも、類似のコンセプトのタイルが存在するという報告がありますが、以下では、ルウとスタインハートによって最初に発表されたイスファハンのスパンドレルをもとに話を進めましょう。

◆ ペンローズ・タイルのパーツ

　ルウとスタインハートは、スパンドレルに出現するタイルなどの模様を、いくつかのパーツに分けることからスタートしました。そしてそれらは、ペンローズ（KD）タイルのパーツに直接転換できるものでした。

　図Ⅲ-⑯にその転換を示しますが、ペンローズ（KD）タイルには、（ルウとスタインハートによって）後述するジョン・コンウェイのマッチング・ルールを表す補助ラインが付与されています。スパンドレルのパーツには、第Ⅰ章で登場したジリ・パターンが付与されています。

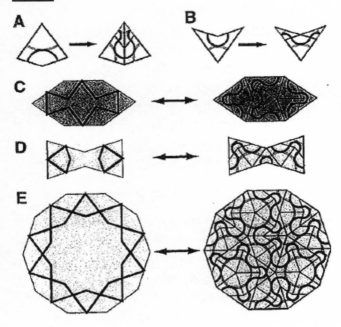

(P. J. Lu & P. J. Steinhardt, 2007)

　この５つのパーツを組み合わせると、スパンドレルは図Ⅲ-
⑰のようなペンローズ・タイルのパターンになるわけです
が、じつは同図右の左上にある白い四角の部分だけがイレギ
ュラーになっていて、ペンローズ・タイルとしては正しい並
びではありません。ルウとスタインハートによると、この部
分は、のちに修復された100枚ほどのタイルで「職人が間違
えた可能性が高い」とのことでした。

図Ⅲ-⑰

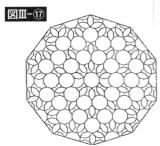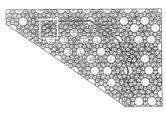

(P. J. Lu & P. J. Steinhardt, 2007)

　スパンドレルには大きなジリ・パターンが見えますが、ルウとスタインハートは、それはイスラム圏ではよく見られるパターンの一部だと述べています。

　ポール・J・スタインハートは、大学院におけるピーター・ルウの指導教官でした。そのようなケースの論文では本来、スタインハートの名前が「第一オーサー」として書かれることが多いようですが、このパターンの発見者がピーター・ルウだったこともあって、彼の名前を先に出したのでしょう。

　2人の名前、特にスタインハートは、本書の今後においてさらに重要な役割を任うはずですから、覚えておいてください。

◆ ガードナー教の人々

　マーチン・ガードナーの真似ではありませんが、筆者の一人である谷岡も、新しい考え方やコンセプト、あるいはアートがないか、いろいろと試してみました。ほとんどやり尽くされているようでしたが、かろうじて1つ見つけました。

　ジョン・コンウェイは、図Ⅲ-①の表紙絵に描かれた正十

角形の中央に出現する形状を、「卵の中のコウモリ」に見立てています。◎を中心とする大きなカイト10個が、その中のコウモリを囲んでいるわけです。卵の中のコウモリをペンローズ（ひし形）タイルに転換すると、なんと卵は中央に移り、コウモリが外に出るのです（図Ⅲ-⑱）。

　えっ、コウモリは卵から孵らないって？　まあ、ええやんか。

図Ⅲ-⑱

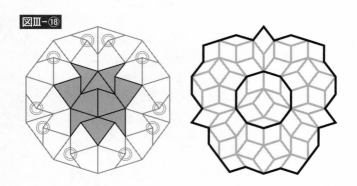

　ガードナーの信奉者たち——いわば科学的合理性と美を信条の基礎とする人々——を、「ガードナー教徒」とでもよびましょうか。そんなガードナー教徒の御本尊ともいえる図を紹介しておきます。

　これは「ペンローズ・タイルでできたマーチン・ガードナーの肖像」で、カナダのウォータールーで開催された「BRIDGES」という数学アート関係者の学会で谷岡が手に入れたものです（図Ⅲ-⑲）。もう一人の日本人と競ってセリ落としたポスターですぞ（オホン！）。

図Ⅲ－⑲

◆ ペンローズ・タイルの5つの特徴

　さて、本章の後半では、ペンローズ・タイルを直観的にとらえるための5つの特徴を紹介します。これらの特徴は、目に見える現象として現れますので、「ペンローズ・タイルの背後にあるもの」の片鱗を垣間見ることができるかもしれません。

　5つの特徴とは、「マッチング・ルール」「コンウェイ芋虫」「レプタイル」「頂点地図」と「アムマン棒」のことです。いずれも、他の非周期タイルにおいて同様の特徴が確認される場合があります。また、本書の第Ⅵ章では、スミス・タイルについても同様の特徴を軸として紹介します。

◆ ペンローズ・タイルの「マッチング・ルール」

　先にも登場した「マッチング・ルール」とは、2個のタイルの辺をかみ合わせるルールのことでした。タイルをパズルのピースとして並べる人が、そのピースを見ただけで非周期的な平面充填を作りやすいように、なんらかの形でピースに細工をしておくのです。

　マッチング・ルールはタイルの辺を凹凸にすることで、タイルの形状としてピースに埋め込むことができます。ただし、凹凸のあるピースは説明するには煩雑なので、単純化した形状のタイルの表面に印を描いてルールを埋め込むことが多いようです。

　たとえば、ペンローズ（KD）タイルのカイト（凧）とダート（矢）の形状は、単純化された四角形です。四角形の形状だけだと、2個で1個のひし形にすることが可能です（図Ⅲ-⑳下）。その場合、この2辺のかみ合わせを「禁じ手」にしないと、ペンローズ（KD）タイルは周期的に敷き詰めることができてしまいます。

　すでに説明したように、辺に凹凸が加えられたものが本来のペンローズ・タイルですから、この四角形は簡易版にすぎません。

　凹凸のないペンローズ・タイルにおいてこのような禁じ手を避けるため、イギリスの数学者であったジョン・コンウェイは、タイルの表面に2種類の印を円弧として描くことを提案しました。

　たとえば図Ⅲ-㉑に示すように、表面に破線と実線の円弧を描き、「それをつなげるように並べる」というルールを守

図Ⅲ-⑳

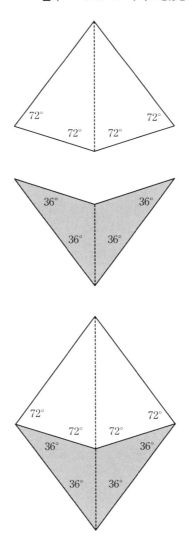

るようにしておけばよいのです。

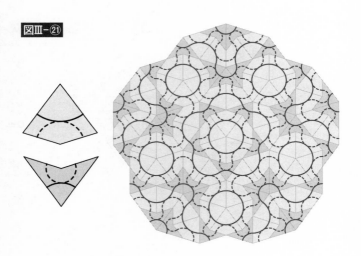

図Ⅲ-㉑

　こうすることで、２種のタイルをひし形に組むことはできなくなり、非周期的な平面充填を作る手助けとなります。ただし、この印がつながるからといって、さらに多くのタイルを使った場合にもうまく並べられるとは限らないことにはご注意ください。

　ここでは取り上げませんが、マッチング・ルールは、ペンローズ（ひし形）タイルに対しても同様に描くことができます。

◆ ペンローズ・タイルのコンウェイ芋虫

「コンウェイ芋虫」とは、平面充填の中に現れる特別なタイ

112

ルの連なりのことです。「芋虫」という名がつけられている
とおり、コンウェイ芋虫は細長い構造をしています。

　コンウェイ芋虫は、これまでたくさんの目撃情報が確認さ
れていますが、その内容はさまざまで、定まったものはあり
ません。コンウェイ芋虫にはまっすぐなものもあれば、曲が
りくねったものもあります。

　ここでは、ペンローズ（ひし形）タイルを例に、まっすぐ
で規則的なタイルの連なりのコンウェイ芋虫を紹介します。
このコンウェイ芋虫のタイルの連なりには、さまざまな長さ
のものがたくさん現れます。

　図Ⅲ-㉒に見られる細長い構造が、ペンローズ（ひし形）
タイルのコンウェイ芋虫の例です。横に延びる、異なる長さ
の3本の灰色のタイルの連なりが、それぞれコンウェイ芋虫
です。

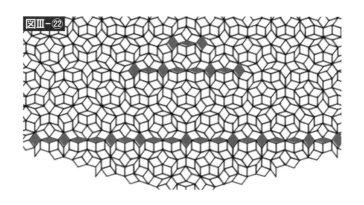

図Ⅲ-㉒

　この平面充塡には、形状が異なる2種類のひし形があり、

ここでは細いひし形タイルを「a」、太いひし形タイルを「D」とします。コンウェイ芋虫はaとDを頂点でつないだタイル列です。このタイル列に現れるタイルaとDは、それぞれ回転方向が同じになるように配置されています。

　興味深いことに、これらのコンウェイ芋虫は、線対称性（もしくは2回対称性）をもちます。このような対称性は、コンウェイ芋虫によく現れる特徴と考えられています。

　次に示す文字列は、図Ⅲ-㉒の3つのコンウェイ芋虫のタイル形状を文字に置き換えて作ったものです。これらの文字列は、いずれも右から読んでも左から読んでも同じで、回文のようになっています。

　また、文字Dを区切りとして、文字aが1個または2個連なっているようにも見えるでしょう。

> DaD
> DaDaaDaD
> DaDaaDaDaaDaaDaDaaDaD

　ここでは一つの系列として、これら3つの文字列に添字をつけてまとめます。

$$X(1) = \text{DaD}$$
$$X(2) = \text{DaDaaDaD}$$
$$X(3) = \text{DaDaaDaDaaDaaDaDaaDaD}$$

　この系列が長い回文を作り続けるように文字列どうしの関係を考えると、次のような式を導くことができます。ちなみ

にこの式では、2つの文字列を左右に並べることは「左の文字列の後ろに右の文字列を連結する」ことを表すものとします。

また、n は1以上で、$\varnothing$ は空集合で文字がないことを示します。

$$X(n) = X(n-1)\ Y(n-1)\ X(n-1),\quad X(-1) = \varnothing, \qquad X(0) = \mathrm{D}$$
$$Y(n) = Y(n-1)\ X(n-2)\ Y(n-1),\quad Y(-1) = \varnothing, \qquad Y(0) = \mathrm{a}$$

この式には、$Y(n)$ という別の系列が現れます。

じつは、$Y(n)$ の文字列に対応するコンウェイ芋虫も平面充填内に見つかります。

この式を使って、どこまでも長い文字列を作ることができます。以下は、$X(1)$ から $X(3)$ まで順に計算した結果です。

$$X(1) = X(0)\quad Y(0)\quad X(0) = \mathrm{DaD}$$
$$Y(1) = Y(0)\quad X(-1)\quad Y(0) = \mathrm{a}\,\varnothing\mathrm{a{=}aa}$$
$$X(2) = X(1)\quad Y(1)\quad X(1) = \mathrm{DaDaaDaD}$$
$$Y(2) = Y(1)\quad X(0)\quad Y(1) = \mathrm{aaDaa}$$
$$X(3) = X(2)\quad Y(2)\quad X(2) = \mathrm{DaDaaDaDaaDaaDaDaaDaD}$$

◆ ペンローズ・タイルの「レプタイル」

「レプタイル」とは、あるタイルを複数個複製したものを組み合わせて作った形状のうち、元のタイルと相似形になるもののことです。「タイル」という名がつくとおり、レプタイル自体も平面充填ができるタイルです。さらに、レプタイル

を複数個複製したものを組み合わせて、より大きなレプタイルを作ることもできます。

レプタイルからレプタイルを作る操作を繰り返した極限では、元のタイルの平面充填ができます。つまり、あるタイルがレプタイルの特徴を満たすことは、その操作でタイルが平面充填できることの証明になります。

◆ 「Lトロミノ」──シンプルなレプタイルの例

レプタイルをもう少し踏み込んで説明するために、「置換ルール」とそれに関連する用語を整えておきましょう。この説明では、まずは単純なレプタイルの例として、非周期タイルではない「Lトロミノ」を使います。名前のとおり「L字形」をしています（図Ⅲ-㉓左）。

置換ルールとは、レプタイルに限らず、あるタイルを複数個複製したものを組み合わせて新しいタイルを作る操作のことです。本書では、複製される元のタイルのことを「入力タイル」、新しく作られるタイルのことを「出力タイル」とよぶことにしましょう。

図Ⅲ-㉓

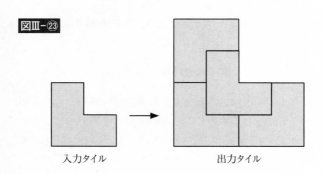

入力タイル   出力タイル

　図Ⅲ-㉓は、Lトロミノの置換ルールを表したもので、左から入力タイル、右向きの矢印、出力タイルと並んでいます。置換ルールでは、入力タイルを複製する個数と、複製したタイルの移動を定めます。ここでは、タイルの移動に平行移動と回転移動だけを使います。

　図Ⅲ-㉓の置換ルールで定めていることは以下の３つです。

①入力タイルを４個に複製すること
②複製したタイルの２つをそれぞれ左右に90度回転移動すること
③入力タイルと出力タイルが相似形になるように複製したタイルを平行移動すること

　出力タイルを次の置換の入力タイルとして使うと、その置換を繰り返すことができます。この置換を４回繰り返すと、図Ⅲ-㉔のような大きなLトロミノができ上がります。

　さらに、この置換を繰り返した極限では、Lトロミノの平面充填ができるのです。

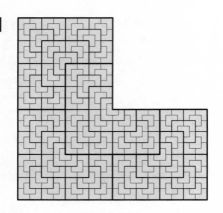

　また、置換ルールを定めると、その拡大率も決まります。拡大率は、出力タイルの面積を入力タイルの面積で割ったものです。図Ⅲ-㉓の例では拡大率は「4」になります。入力タイルの面積がすべて同じなら、出力タイルに含まれる入力タイルの個数でも結果は同じです。

　また、複雑な置換ルールの場合は、複製する入力タイルの個数をまとめた行列を利用して、拡大率を計算する方法もあります。これらの計算方法は、後で具体例を使って説明することにしましょう。

　たとえばレプタイルの場合は、置換を繰り返すたびに、入力タイルに対する平行移動の長さも変化します。繰り返すたびに、平行移動が相似比分だけ長くなります。レプタイルの場合に限らず、このように平行移動の変化が相似比で定まる置換ルールは「幾何学的置換ルール」とよびます。

◆ ロビンソンの三角形 ——ペンローズ・タイルのレプタイル

「ペンローズ・タイルのレプタイル」として知られる「ロビンソンの三角形」をご紹介しましょう。

　図Ⅲ-㉕左に示す置換ルールを満たす4種類の入力タイルからなります。これらの入力タイルは互いの複製を混ぜ合わせて、それぞれと相似形の出力タイルを作ります。ここでも、タイルの移動に平行移動と回転移動だけを使います。

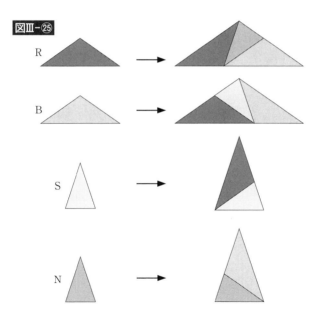

図Ⅲ-㉕

R

B

S

N

入力タイルは上から順にタイルR、B、S、Nと名付けま

す。タイルR、Bの形状は底角が36度の二等辺三角形で、タイルS、Nの形状は底角が72度の二等辺三角形です。

　勘のいい方は、これらタイルの形状が、他のタイプのペンローズ・タイルの形状と関係することに気づいたでしょう。実際、ペンローズ（KD）タイルやペンローズ（ひし形）タイルをうまく二等分すると、タイルR、B、S、Nが得られます。

　この置換ルールの拡大率は、面積を使って容易に計算できます。今タイルSの面積を1とすると、タイルNの面積も1です。また、タイルRの複製1個とタイルSの複製1個からタイルSの相似形を作れることから、タイルRの面積は黄金比$\Phi\left(=\dfrac{1+\sqrt{5}}{2}\right)$です。

　つまり、拡大率はタイルRとタイルSの面積の合計をタイルSの面積で割った$\dfrac{(\Phi+1)}{1}=\Phi^2$になります。この計算結果は、タイルS以外のどのタイルを使っても同じ値になります。

　ここで、面積を使わずに拡大率を計算する方法も試しておきましょう。この計算に必要なのは、置換ルールで使うタイルの個数だけです。

　次の式は、置換ルールに使うタイルの個数の関係をまとめたものです。

$r_2 = r_1 + b_1 + n_1,\ r_1 = 1$

$b_2 = r_1 + b_1 + s_1,\ b_1 = 1$

$s_2 = r_1 + s_1,\ s_1 = 1$

$n_2 = b_1 + n_1,\ n_1 = 1$

$r_1,\ b_1,\ s_1,\ n_1$：入力タイルR、B、S、Nの個数

$r_2,\ b_2,\ s_2,\ n_2$：出力タイルに含まれるタイルの総数

次の式は、行列を使って上の式を書き直したものです。この式の行列を「置換行列」とよびます。

$$\begin{pmatrix} r_2 \\ b_2 \\ s_2 \\ n_2 \end{pmatrix} = \begin{pmatrix} 1 & 1 & 0 & 1 \\ 1 & 1 & 1 & 0 \\ 1 & 0 & 1 & 0 \\ 0 & 1 & 0 & 1 \end{pmatrix} \begin{pmatrix} r_1 \\ b_1 \\ s_1 \\ n_1 \end{pmatrix} \qquad \begin{pmatrix} r_1 \\ b_1 \\ s_1 \\ n_1 \end{pmatrix} = \begin{pmatrix} 1 \\ 1 \\ 1 \\ 1 \end{pmatrix}$$

ここで拡大率は、この置換行列を使えば、線形代数の計算として求めることができます。まず、この行列を転置したものの固有値を計算し、その中から1より大きい最大の実数を選ぶだけです。この固有値は「ペロン・フロベニウスの固有値」とよばれています。計算の結果、拡大率はΦ^2になり、面積を利用した計算結果と一致することがわかります。

ロビンソンの三角形がレプタイルであることから、ペンローズ・タイルがその置換ルールで平面充填できることがわかります。

また、ここでは取り上げませんが、この置換を繰り返すためにはマッチング・ルールの確認も大切です。ロビンソンの三角形に興味のある方は、フランシスコ・ダンドレア（Francesco D'Andrea, 2023）の証明を確認してみてください。

◆ ペンローズ(KD)タイルの置換ルール

レプタイルではない例として、ペンローズ（KD）タイルの置換ルールを示しておきます。ここでも、平行移動と回転移動だけで置換ルールを定めます。

図Ⅲ-㉖の置換ルールは、カイト（凧）とダート（矢）の２種類の入力タイルがあり、入力タイルは互いの複製を混ぜて、それぞれに対応する出力タイルを作ります。

図Ⅲ-㉖

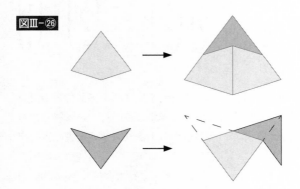

カイト（凧）の置換ルールでは、入力タイルと出力タイルは相似です。これだけ見ると、レプタイルのように思えるでしょう。出力タイルは、カイト（凧）を２個複製したものと、ダート（矢）１個からできています。

一方、ダート（矢）の置換ルールでは、出力タイルがへこみのある五角形になっています。じつは、どのようにカイト（凧）とダート（矢）をかみ合わせても、出力タイルはダート（矢）と相似形にならないのです。

122

　見ただけでは信じられないかもしれませんが、この置換を繰り返しても問題ありません。置換を繰り返すたびに、できる出力タイルの形状はいびつになりますが、隙間も重なりもできないのです。また、この置換を繰り返した極限では、カイトとダートの平面充填ができることもわかっています。

　ただし、いびつな出力タイルの置換ルールは、数学的な取り扱いが難しくなります。レプタイルでない置換ルールでは、繰り返して使った場合に隙間や重なりができない可能性を検証することが難しくなるのです。

　ここでは取り上げていませんが、ペンローズ（ひし形）タイルなどのタイプでも、置換ルールを作ることができます。

◆ ペンローズ・タイルの頂点地図

「頂点地図」とは、3個以上のタイルを組み合わせて作る形状のうち、それらすべてのタイルの共有点を内点としてもつものです。「地図」という名のとおり、広大な平面充填の状況を把握するための情報をまとめたものです。

　頂点地図をうまく集めて貼り合わせると、平面充填が作れることがわかっています。うまく集めるためには置換ルールを使いますが、後でその手順を示します。頂点地図は、タイルがレプタイルでない場合でも、その置換ルールをもとにして平面充填できることを証明する有効な手段の一つになっています。

　以下では、ペンローズ（KD）タイルを例に頂点地図を説明します。

　図Ⅲ-㉗は頂点地図の例で、先に紹介したカイト（凧）2個とダート（矢）1個を組み合わせたものです。中央にある

内点の白丸が3個すべてのタイルの共有点です。

図Ⅲ-㉗

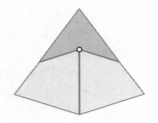

　平面充塡を作るには、頂点地図をたくさん集めることが大切です。ただし、闇雲に集めるのではなく、平面充塡に現れる頂点地図だけを重複なく、網羅的に集めます。

　置換ルールを用いた頂点地図を見つける方法は以下のとおりです。まずはじめの頂点地図は、置換ルールの出力タイルの中から見つけます。それ以降は、見つけた頂点地図ごとに次の作業を新しい頂点地図が見つからなくなるまで繰り返します。

①この作業が未実施の頂点地図を用意する
②その頂点地図内の各タイルを縮小した出力タイルで置き換えて、新しい並びを作る
③その並びの中から新しい頂点地図を見つけ、各タイルの大きさを元に戻す

　図Ⅲ-㉘の②は、手順②の結果を示したものです。この並びには3個の内点が見つかります。このうち左右の2個の内点は、入力タイルの頂点地図と同じものです。残り1個の中央

の内点からは、新しい頂点地図③が見つかります。

図Ⅲ-㉘

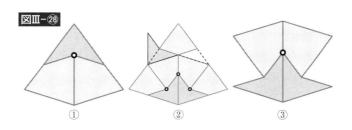

① ② ③

　図Ⅲ-㉙に示す7個の頂点地図は、この作業を繰り返して網羅的に得られたものです。ここで得られた頂点地図の個数が7個だけに限られることが、その置換の繰り返しにより、ペンローズ（KD）タイルが平面充塡できることを証明しています。

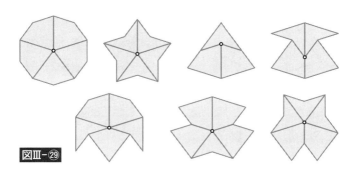

図Ⅲ-㉙

◆ **ペンローズ・タイルのアムマン棒**

「アムマン棒」とは、平面充塡の中に現れる、タイルの表面

に描かれた印がつながったものです。

「棒」という名がつくとおり、アムマン棒はまっすぐな構造をしています。実際にアムマン棒は無限に延びる直線であり、複数の方向に平行な直線の束として現れます。アムマン棒を構成する印は、タイルの境界の2点を結ぶいくつかの線分で構成されています。

アムマン棒は、ロバート・アムマンという在野の数学者によって提案されました。その方法は2枚の表面に、図Ⅲ-㉚に示すような不思議な線分を描くことです。それを決められたルールで並べると、ビックリする模様が出現するのです。

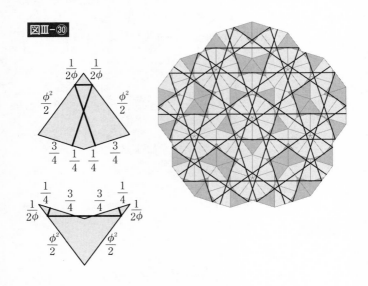

図Ⅲ-㉚

アムマンが描いたタイル表面の印をつなげると、図Ⅲ-㉚

右のように、5方向に伸びる直線の束ができます。逆にいえば、マッチング・ルールとして「直線が続くようにする」というわけです。

　この図の中の1方向のみの直線を次の図Ⅲ-㉛に示しますが、直線の間隔は広いものと狭いものの2種類あることがわかります。広いものを「L」、狭いものを「S」とすると、図では左から右にL→S→L→Sとなっているようです。

図Ⅲ-㉛

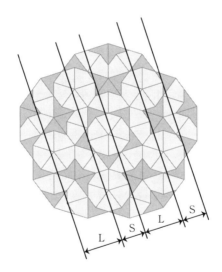

　驚くべきことに、ペンローズ・タイルでアムマン棒の2種類の間隔の出現頻度を調べると、平面充塡に周期がないことを読み取ることができます。

　アムマン棒の間隔の出現頻度を調べるために、まず、同じ方向に平行に並ぶ棒が繰り返し単位をもつことを仮定しま

す。2種類の間隔をそれぞれS、Lとし、たとえばアムマン棒の並びがL、S、L、Sという繰り返し単位なら、間隔SとLの出現頻度はそれぞれ $\frac{1}{2}$、$\frac{1}{2}$ と計算できます。

　出現頻度の分母も分子も繰り返し単位に含まれる間隔の個数なので、その出現頻度は分母と分子が自然数の分数になります。つまり、アムマン棒の並びが繰り返し単位をもつという仮定では、その間隔の出現頻度はつねに有理数になるはずです。

　ところが実際には、ペンローズ・タイルのアムマン棒の出現頻度は無理数になることがわかっています。ここでは取り扱いませんが、ペンローズ・タイルの場合は置換ルールを用いて、アムマン棒の出現頻度を計算できます。結果として、どの向きの直線でもこの間隔S、Lの出現頻度は、黄金比 Φ を使ってそれぞれ 2 - Φ、Φ - 1 になります。

　つまり、ペンローズ・タイルのアムマン棒の並びには繰り返し単位はなく、その平面充塡も非周期的だとわかるのです。

　また、その平面充塡は並べ方によらず、同様のアムマン棒が現れることから、ペンローズ・タイルは非周期タイルであるといえます。

　以上、ペンローズ・タイルの5つの特徴を解説しましたが、この部分はのちに登場するモノ・タイルの解説と深く関係・対応しています。

「準結晶」物質の発見

——3次元の対称性を考える

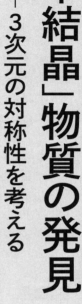

IV章

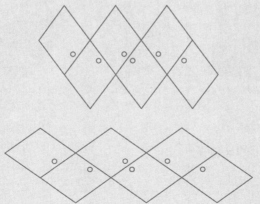

◆ 結晶学の常識

テセレーション（第Ⅰ章）の解説で説明したことですが、正五角形だけで平面を敷き詰めようとすると、必ず隙間ができてしまいます。つまり、分子構造を考えたとき、四角形や六角形に比べて不安定であり、鉱物などの結晶には適していない形状であると考えられていたわけです。

化学結合における原子間どうしの力の強さ（いわゆる「手の長さと本数」）を考えると、正五角形でない他の五角形でもかなり不安定になります。このような理由から、正五角形だけでなく他の五角形も含めて、平面の敷き詰めまではありうるにせよ、結晶体の構造内部の存在——ここでは説明を省略しますが、7通りに分類されています——としては、考える必要もないと認識されていたのです。

安定とされる結晶構造の例を図Ⅳ-①に示します。

図Ⅳ-①

正六面体のパイライト　　正八面体の　　　　六角柱を中心とする
　　　　　　　　　　　　フローライト　　　　クオーツ

◆ ブラヴェ格子

「結晶学」は、フランスのルネ＝ジュスト・アユイやオーギ

ュスト・ブラヴェらにより、18〜19世紀に生まれた学問分野です。特にブラヴェは、結晶における対称性の組み合わせは14種類であり、（これも詳しくは省略しますが）「鏡映」や「回転」、「並進」といった3次元の幾何学上のバリエーションで分類しても、ありうる可能性は230種類ですべてであることを示しました。これは「ブラヴェ格子」とよばれています。

　20世紀に入り、ドイツのマックス・フォン・ラウエは、X線による回折パターンの2次元への投影に成功し、特定物質の結晶構造がわかるようになってきました。その後、英国の物理学者ウィリアム・ヘンリー・ブラッグとウィリアム・ローレンス・ブラッグ父子による像の改良などがあり、ほとんどの物質の形状や原子配列がわかるようになりました。

　科学者たちはのちに、X線以外にも電子や中性子、高エネルギーで生ずる放射線などを利用して、より正確な情報を得ることができるようになりました。しかしポール・J・スタインハートは「どんなやり方であれ、アユイとブラヴェの成果に基づくおおもとの対称性の規則は必ず守られていた」と2019年に刊行した著書『The Second Kind of Impossible』（邦訳は『「第二の不可能」を追え！』斉藤隆央訳、みすず書房、2020）で書いています。

◆ 準結晶とはなにか

　アメリカの国立標準局で学ぶ材料工学の研究員で、イスラエル出身のダニエル・シュヒトマンは1982年、実験室における高温下での強い圧力と急激な冷却によって、新たな物質を造り出すことに成功していました。アルミニウムとマンガ

ンを適当な比率で混合した結晶体（Al₆Mn）で、そのX線回折写真は、それまで見られたことのない「ある特徴」を示していたのです。

　多くの追試がおこなわれ、シュヒトマンらの主張の正しさが証明されました。含まれる成分は、アルミニウムやマンガン以外にもさまざまにありうることが証明されています。この新たな物質は「準結晶（quasicrystal）」と名付けられました（図Ⅳ-②）。

図Ⅳ-②

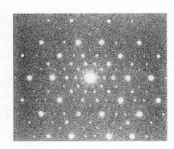

(P. J. Steinhardt, 2019. p. 144)

　準結晶が示していた「ある特徴」とは、なんでしょうか。

　それは、回折写真が「5回（あるいは10回）対称性」をもっていたことで、従来の結晶学の知見からは、ありうべからざる形状を示していたのです。

　5回対称性は、ペンローズによる6種のタイルを作るプロセスに登場しました（81ページ参照）。桜の花びらのように、点を中心として72度回転するごとにピッタリ重なる対称性で、5回同じ方向に回すと元に戻ります。10回対称は36度ずつ回転させることになります。

　本章の以下の話は、スタインハートの許可を得て、『The

Second Kind of Impossible』を元にしていることをお断りしておきます（前掲の邦訳版も適宜、参照しています）。同書はたいへんな名著ですので、関心のある方はぜひご一読ください。

◆ なぜ不可能と考えられていたのか

よくよく考えてみると、正十二面体や正二十面体などは、頂点を中心として正五角形かそれに類する形を有しているわけで、そんな結晶物質が存在しないとは言い切れません。「いや実際にありうると考えるほうが正しいのだ」と、シュヒトマンらが合成した物質によって考えられ始めたのは20世紀後半のことでした。

シュヒトマンの5回／10回対称映像は、3次元物体を2次元平面上に投影したために生じたもので、投影の角度を変えると映らないこともありえます。また、自然界においても、分子構造自体は五角形ではないのに、同時に別方向に成長する結晶がいくつか存在しており、形状がなんとなく五角形に近くなるケース（これを「多重双晶」とよぶ）が実際によくあったことから、シュヒトマンの新物質もすぐには信じられませんでした。

たとえば、黄鉄鉱（パイライト。図Ⅳ-①左）は、原子配列は立方体の格子状なのに、形成された条件の違いによって、たまに十二面体のような顔を見せることがあります。のちに登場する写真（139ページ図Ⅳ-⑤）もパイライトですが、五角形の様相を呈していることが見てとれるはずです。

図Ⅳ-③

スミソニアン国立自然史博物館の大型結晶

「正五角形や正十角形を分子構造の基礎とする物質がない」
と考えられていた最大の理由は、四角形や六角形などの分子
構造の物質は成長してどんどん拡大していけますが、正五角
形はそれができないというロジックでした。

　時として、大きなパイライトやメキシコの洞窟で成長し続
けたクオーツのように、驚くような大きさの結晶体が実際に

存在します。これらは「結晶が成長することができるからこそ可能なのだ」と考えられていました。「大きくなるにつれて隙間のできる五角形の分子構造では、一定の大きさ以上にはなりえない」という理屈だったのです。

◆ 成長の条件とは?

　シュヒトマンの研究とほぼ時を同じくして、しかもシュヒトマンが研究していた国立標準局から約240kmという地理的にもそう遠くない場所で、ほぼ同種の研究を続けていたのが、ペンシルバニア大学を拠点に研究をしていたスタインハートでした。前章で登場したイランのモスクでの、ペンローズ・タイルに類似した並べ方に関する論文の著者の一人です。

　スタインハートと彼の共同研究者たちは、もし5回対称／10回対称の物質がありうるとすれば、それらを形成するための何種類かの基本ブロック（3次元）が必要だと考え、いろいろな可能性の可否の追究を繰り返していました。

　結論にたどり着いた経緯は省略しますが、ペンローズ（ひし形）タイルの3次元バージョンともいえる2種類のブロック（図Ⅳ-④上段）があれば、5回対称をもつ3次元物体（スタインハートは正二十面体をターゲットとしていた）を組み立てうることがわかりました。

　その2種のブロックで、正二十面体に必要なパーツ4種類（図Ⅳ-④下段の左）を作成でき、そのパーツをうまく組み合わせていくことで、準結晶物質が生じうることを理論化したのです。そして、準結晶からなる物質が実際にそのようにして作られているらしいことが、のちに判明します。

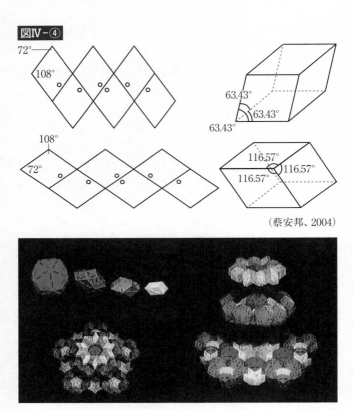

図IV-④

72°
108°

63.43°
63.43°
63.43°

108°
72°

116.57°
116.57°
116.57°

（蔡安邦、2004）

（P. J. Steinhardt, 2019）

◆「最小部品」を見出せ

ちなみに、この最小部品ともいえる基本ブロックは、アラン・マッカイというロンドンの結晶学者の思索（理論化はしていない）によって発案されたそうです。太いほうを「太っ

たひし面体」、細いほうを「やせたひし面体」とよぶのが通例です。

　この形状、見覚えがありますよね。そう、ペンローズ（ひし形）タイルに登場したものに酷似しています。もともとパリの司祭をしていたルネ＝ジュスト・アユイが結晶学を始めたきっかけは、たまたま落とした方解石が平行六面体（向かい合う面が平行の、つぶれた箱のような形）に割れ、それをさらに細かく割っても、相似の平行六面体が現れ続けたエピソードに基づくといわれています。

　ペンローズ（ひし形）タイルの3次元バージョンのパーツのような形状はしたがって、分子構造的には十分にありうるものと考えられます。

　イスファハンのタイルも、基本形から生ずるパーツをいくつか作り、それらを組み合わせてさらに広げていくプロセスを経ていました（105ページ参照）。

「基本となる最小部品で、いくつかのパーツを作る」という操作は、次章で紹介する本書の主役「非周期モノ・タイル（＝アインシュタイン・タイル）」においても、証明のプロセスとして登場することになるでしょう。

◆ 3次元のマッチング・ルール

　スタインハートらの努力によって「準結晶体がどのようにできるのか」という理論上の矛盾は一応解消でき、それなりの仮説も作られました。

　しかしながら、矛盾がないということだけでは、そのような結晶が実際にできることを保証しません。原子や分子、あるいはパーツどうしが引き寄せ合い、特定の結晶を作り上げ

る理論上の論拠（仮説も含む）が確立されないことには、自然科学における現象の解明や説明にはなりえません。

そこで注目されたのが、アムマン棒のコンセプトです。

原子や分子がまだ比較的自由に空間を飛び回っていた、ビッグバンからそれほど時間が経過していないころ、原子や分子の基本粒子がくっつき、一定の塊／集団を作り、やがてパーツができ上がっていったものと仮定しましょう。最終的にそれらのパーツは適度にくっつき合い、準結晶の構造を作り出したのではないかというストーリーですが、そのプロセスにアムマン棒のような力が介入したのではないかと考えたわけです。

原子や分子、あるいはパーツが引き寄せ合う力学は、いわば3次元におけるマッチング・ルールのようなものと考えてよいでしょう。そしてそのルールは、コンウェイらによる人為的なものより、アムマンによる直線の考え方のほうが可能性が高いといえます。

なぜなら、一般的な結晶の平面は、分子が直線状に整列する結合形がつながって平面的に広がり、最終的に立体になっていくことを想定しているからです。

むろん炭素（C）のように、重層的に正六角形の表面が重なって黒鉛になったり、もともと3次元構造としてダイヤモンドになったり（あるいはフラーレンやカーボン・ナノ・チューブのように他の分子配列になったり）するケースもありますが、これは結晶が成長していく環境（主として温度や圧力）の違いによるものと考えられます（図Ⅳ-⑤）。

パイライト
五角形に見えるが、
分子配列は立方体に近い

炭素の分子配列
左がダイヤモンド、右が黒鉛
（スミソニアン国立自然史博物館）

◆「アムマン面」とはなにか ——3次元の鏡映

　鉱物などの分子構造に回転対称が登場しましたが、では対称性の他の要素はどうでしょうか。平行移動が可能であることは自明ですが、鏡映はどうでしょう。

　結論からいいますと、自然界にも確かに存在します（ただし、鏡映軸というより「鏡映平面」で対称というべきですが）。しかも、物理・化学の世界で、ある物質の鏡映体が別の性質を示すことはよくあります。これを「キラル／カイラル体」とよびます。

　たとえば、薬品として活用されていたあるタンパク質のキラル体が、恐ろしい副作用をもつことが判明しています。2001年にノーベル化学賞を受賞した野依 良治は、キラル／カイラル体の一方のタンパク質だけを作成する方法の開発によって同賞の栄誉に浴しました。

　鏡映以外に、すべり鏡映も可能です。じつは、鏡映平面の

数によって分類したのが、前述のブラヴェ格子の230種でした。

　準結晶ができる環境については後で触れますが、スタインハートとその共同研究者（ドブ・レヴィンという名の大学院生）は、アムマン棒の平面バージョンがあれば、その平面が直線的配列のような基礎になりうるのではないかと考えました。そのような平面を、スタインハートに倣って「アムマン面（Ammann planes）」とよんでおきましょう。

　たとえば、一定の大きさの正二十面体において、各面の外側にひと回り大きなアムマン面があり、次のブロックやパーツがその面にしたがって整列したとすると、最終的に少しだけ大きな正二十面体に関連した形状となるでしょう。

　神戸芸術工科大学教授のカスパー・シュワーベが苦労して第11層まで作った例を示しておきますが（図IV-⑥）、もう1層で正十二面体が出現するはずです。シュワーベによると、どの形をスタート地点とするかにもよるものの、正十二面体的な形状は第5、第12、第19層に現れ、正二十面体は第3、第6、第9、第15層に出現するはずとのことです。

図IV-⑥

　なお、2019年に若くして世を去った東北大学教授の蔡安邦は、ほぼ完全な正二十面体や正十二面体を実験室で作成することに成功していました（図IV-⑦）。準結晶の9割は蔡が作ったといわれているほどです。

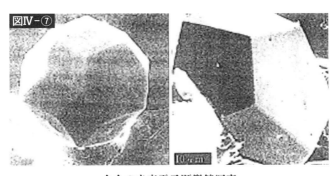

合金の走査電子顕微鏡写真
徐冷凝固で得られたひし形三十面体Al-Cu-Li（左）と正十二面体Al-Cu-Fe（右）
粒子はいずれも約0.1 mm（蔡安邦、2004）

　2011年にシュヒトマンがノーベル化学賞に輝いたとき、「なぜ蔡やスタインハートが共同受賞しないのか？」という声も上がったほど、この分野を推進した研究者でした。

◆ 地上の準結晶

　スタインハートらは、苦労して「地球上に準結晶は存在しないのか」という謎に挑戦しました。その顛末は前掲書（131ページ）に詳しいので省略しますが、結論をいえば、実際に存在していることが発見されています。

　それは、ロシアのカムチャツカに約7000年前に落下した

隕石だったのですが、みごとな正二十面体の結晶が3種類も見つかりました。

　この探検は数々の偶然に助けられたものでした。歯車の一つでも狂っていたなら、決して実現できなかった類の発見だったといえるでしょう。それを実現したのは、スタインハートと彼を取り巻くエキスパートたちの、執念ともいえる知的好奇心だったと考えられます。

◆ スタインハートの呼びかけ

　第Ⅱ章から本章まで、非周期タイル探究の歴史に始まり、準結晶物質の発見に至るストーリーを解説してきました。少し振り返ってみましょう。

　まず「非周期にしか敷き詰めることのできないタイル」というコンセプトは、当初は単なる数学上の思考実験にすぎませんでした。その過程において、「マッチング・ルール」というのちにきわめて重要となる概念が生まれましたが、マッチング・ルールの登場なくしては、平面充塡の探究が先に進むことは難しかったに違いありません。特に、アムマンの業績は特筆しておくべきでしょう。

　ロジャー・ペンローズは、非周期タイルの枚数を2枚まで減らし、それによって得られた敷き詰め図は、3次元の準結晶構造を2次元に落とし込んだものに見えました。そしていつしか、それが現実になっていくわけです。特に、ペンローズ（ひし形）タイルとアムマン棒／アムマン面は、強力なツールとなっていきました。

　むろんペンローズ（ひし形）タイルを立体のブロックにしようとしたアラン・マッカイや、そんな立体のありうべき姿

を模索したスタインハート、そして実際に作り出したシュヒトマンらの努力も大きな前進でした。

　もしスタインハートが、世界の大学や博物館に収蔵鉱物のＸ線回折の呼びかけをしなかったなら、準結晶はいまだ実験室の産物にとどまっていたかもしれません。彼の呼びかけに応え、偶然に"それらしき物質"を発見したフィレンツェのルカ・ビンディの名前は、あえてここに記録しておきましょう。

◆ 遊び心の大切さ

　最終的に、自然界の中に従来の常識ではありえないとされていた物質が発見されたわけですが、まるでご都合主義のミステリーを読んでいるかのような、ウソのような真実のストーリーには、これまでの科学探究物語にはなかった、ある特徴が存在することに気づかれたでしょうか。

　その特徴とは、机上の遊び（「空論」といってもよいでしょう）がある仮説を生み、その仮説を満たす条件が考えられて理論化され、それが現実社会に存在することが判明する、そして最後に観察がなされるという、およそ通常の科学的アプローチとは「逆の思考プロセス」になっている点です。

　ふつうは現実社会の観察から始まり、見出された現象を無矛盾で説明しうる仮説を作り出し、検証し、理論として確立したのちにそれを（遊びも含めて）応用していく、という順序になるのが通例だからです。

　おそらくは、アインシュタインの相対性理論や他の宇宙論が提唱され始めたころからではないかと推察されますが、思考プロセスの逆転現象が起こっているようです。

そしてそれは、決して悪い方向性ではないというのが、筆者らの偽らざる感想です。

アインシュタイン・タイルとは
どのようなものか——

V章

非周期モノ・タイルは
どう発見されたか

◆ 「ニューヨーク・タイムズ」紙も報道

2023年春、ふしぎな模様を写した画像が突如としてインターネット上に多数、出現しました（図V-①）。これらの画像には、敷き詰めパズルのピースや編み物、クッキー、ビールのパッケージなど、多種多様なものが写っていますが、どれも共通の模様が使われていたのです。

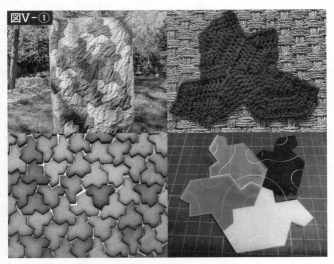

（左上から時計回りに、@cllantz、@MargoDC1、@ntumanov_Xray、@alecatmew より引用）

これらの模様はいずれも、本書のメインテーマの一つである「非周期モノ・タイル」という数学の最新の成果をもとにしています。

　数学上の大きな難問の答えとして、約50年にわたって未解決だった成果が公開されたのは2023年3月のことでした。その後、またたく間に、この模様を描く人たちが大勢現れたのです。

　そのようすは、「ニューヨーク・タイムズ」紙にも取り上げられるなど、大きな盛り上がりを見せました。

　「数学は難しそうだけれど、単純な図形を使った模様なら自分でも描けそうだ」と思った人は少なくないでしょう。写真を投稿した人たちはそれぞれ、手元にある日常的なものを使って、自分なりの工夫で模様を描いたのです。かくいう筆者らも、その仲間です。

◆ 発見者は数学の「非」専門家

　非周期モノ・タイルには、2024年5月の時点で2種類が知られています。ここでは、初めに発表されたものを「スミス・タイル」、その2ヵ月後に発表されたものを「幽霊タイル」とよびましょう。

　スミス・タイルの名称は、第一発見者であるデイビッド・スミスの名前にちなんだものです。スミスはイギリス在住の「形」愛好家で、数学の専門家ではありません。平面充填の問題は見た目にも親しみやすく、過去にも専門外の人による大きな発見が多いことが魅力の一つになっています。

　驚くことに、スミスは合計で3個の非周期モノ・タイルの形状を発見しています。50年近く数学者が探しても見つからなかったものが、数ヵ月の間にたった一人の手によって複数個、見出されたのは驚異的です。

　非周期モノ・タイルには「スミス・タイル」と「幽霊タイ

ル」の2種類があると述べました。スミスが3個の形状を見つけたというのは、タイルの種類に対して形状にバリエーションがあるためです。実際には、スミス・タイルと幽霊タイルはそれぞれ、無限個の形状バリエーションをもちます。

◆ スミス・タイルの形状とバリエーション

それでは具体的な形を見ていきましょう。

図V-②に示したのは、いずれもスミス・タイルの形状バリエーションの例です。14個の黒点はスミス・タイルの頂点で、それらをつなぐ辺には、黒色と灰色で示した長さの異なる2種類があります。

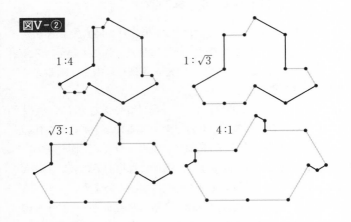

図V-②

1:4　　　　1:√3

√3:1　　　　4:1

スミス・タイルでは、これら2種類の辺はいずれも異なる長さになるため、タイルの形状は2種類の辺の比として表すことができます。図V-②に示したスミス・タイルは、この辺

の比が1対4、1対$\sqrt{3}$、$\sqrt{3}$対1、4対1の例です。

　スミス・タイルのように辺の比の違いで形状バリエーションをもつ非周期タイルは、他に類似の例が知られていません。

　図Ⅴ-③は、4つの形状バリエーションの平面充填の対応する領域を示したものです。たとえば、真ん中の白いタイルとそれを取り囲む7枚のタイルに着目すると、いずれも隣接関係が同じであることがわかるでしょう。

図Ⅴ-③

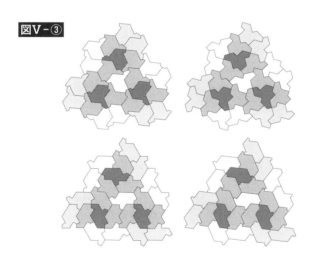

◆ スミス帽タイル

　次に示す図Ⅴ-④が、スミスが最初に見つけたもので、2種類の辺の比が1対$\sqrt{3}$の場合です。

　この形状が帽子に似ていることから、特に「スミス帽タイル（英語では「Smith Hat」または単に「Hat」）」とよばれ

ていますので、本書もそれに倣います。上部中央の凹みを折れ目として、下部を鍔に見立てると、中折れ帽に見えるでしょうか。

図Ⅴ-④

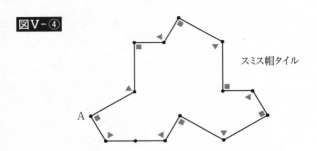

スミス帽タイル

A

また、角度に着目すると、どのスミス・タイルにも90度と120度に関係する値だけが現れます。図Ⅴ-④では、90度の角に正方形を、120度の角に三角形を置きました。

具体的な内角の値を示すと、頂点Aから反時計回りで、90度、120度、180度、120度、270度、120度、90度、120度、270度、120度、90度、240度、90度、240度となっています。

◆ スミス亀タイル

図Ⅴ-⑤に示すスミス・タイルの形状は、スミスが見つけた2番めのもので、辺の比が$\sqrt{3}$対1となる場合です。

この形状は亀の姿に似ていることから、「スミス亀タイル（英語では「Smith Turtle」または単に「Turtle」）」とよばれています。ちなみに、図Ⅴ-⑤は亀の甲羅が上向きになるように回転方向を調整しています。

図Ｖ-⑤

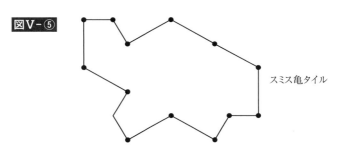

スミス亀タイル

　また本書では、話を簡単にするためにスミス亀タイルをスミス・タイルの基本形状として扱います。第Ⅵ章で紹介するとおり、スミス・タイルの平面充填でアムマン棒状の直線構造を扱うには、スミス亀タイルが有用であるためです。

◆ スミス・タイルはどう発見されたか

　第Ⅰ章で紹介したとおり、スミス・タイルは「正六角形をカイト（凧）形に分割したフレーム」をもとにして発見されました。この凧形とは、内角が 60 度、90 度、120 度、90 度の四角形のことです。

　複数個の凧形四角形をかみ合わせた形状を「ポリカイト」とよびますが、n 個の凧形四角形をかみ合わせた形状は「n -カイト」と記します（図Ｖ-⑥）。

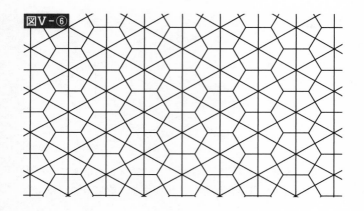

図Ⅴ-⑥

　スミスが初めて非周期モノ・タイルの着想を得たのは、2020年ごろだったようです。

　その年の7月に、パズル向けの解析ツールを用いてポリカイトの平面充填を試していたスミスは、ある6−カイトが非周期モノ・タイルである可能性に気づき、ブログ記事を書いています。結果的に、この6−カイトは真正の非周期モノ・タイルではなく、当てがはずれましたが、スミスはこのとき、ポリカイトでさまざまに複雑で魅力的な模様ができることに気づいたのです。

　スミスはその後も、ポリカイトの探索を断続的におこない、2022年の秋に、ついに8−カイトの形状としてスミス帽タイルにたどり着きました（図Ⅴ-⑦）。

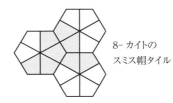

8-カイトの
スミス帽タイル

　このときは、パズル向けの解析ツールでは検証に限界があると判断し、カナダのコンピュータ科学者であるクレイグ・カプランに協力を要請しました。

　さらに、イギリスのコンピュータ科学者ジョセフ・マイヤーと、アメリカの数学者ハイム・グッドマン・ストラウスが加わり、最終的な発表者は4名のチームとなりました。

◆ 驚くべき成果

　スミス帽タイル発見後も、スミスはポリカイトの探索を継続したようで、次に10-カイトの形状として発見したのがスミス亀タイルです（図Ⅴ-⑧）。図Ⅴ-⑥のフレームで作成可能なものに限定しても、8-カイトの並べ方のバリエーションの総数が873個、10-カイトの総数が1万11個であることを考えると、その中から2個を見つけ出したスミスの成果は驚くべきものです。

図Ⅴ-⑧

10-カイトの
スミス亀タイル

２番めの非周期モノ・タイルとなる、スミス亀タイルの発見は、チームの研究を大きく進展させました。

　コンピュータ科学者のマイヤーは、これら２つの形状をつなぐタイルの形状のバリエーションが、無限にあることを発見したのです。後で説明しますが、この無限のバリエーションは幽霊タイルが見つかるきっかけにもなりました。

◆ 幽霊タイルとは?

　それでは、もう一つの「幽霊タイル（英語では「Spectre」）」とは、どのようなものなのでしょうか?

　図Ⅴ-⑨に示す形状は、いずれも幽霊タイルの形状バリエーションの例です。

図Ⅴ-⑨

　14個の黒点は幽霊タイルの頂点で、それらをつなぐ14個の辺があります。これら14個の辺が合同で、交差のない形状であれば、いずれの形状も幽霊タイルとなります。各辺は、隣の辺と共有する頂点を中心点とした回転移動で重なるように配置されています。

　幽霊タイルの名前は、このタイルの第一発見者であるスミスがつけました。幽霊タイルは、なめらかな曲線やギザギザの折れ線の辺をもつことができます。ゆらゆらと変幻自在に

辺の形状をとりうる特徴から、「幽霊」という言葉を着想したのかもしれません。

　14個の頂点の内角の角度に着目すると、どの幽霊タイルにも、90度と120度に関係する値だけが現れます。辺の形状が変形しても、この角度はかわりません。辺が曲線の形状をもつ場合には、頂点での曲線の接線を使って、この角度を測ってください。

　図Ⅴ-⑩に示す幽霊タイルの90度の角には正方形を、120度の角には三角形を置きました。具体的な内角の値を示すと、頂点Aから反時計回りに90度、120度、180度、120度、270度、120度、90度、120度、270度、120度、90度、240度、90度、240度となります。

図Ⅴ-⑩

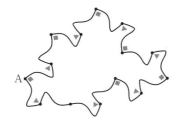

A

　幽霊タイルのように、辺の形状の違いで形状バリエーションをもつ非周期タイルの類似例として、ペンローズ・タイルがあります（第Ⅲ章参照）。

　また多くの場合、話を簡単にするために、線分の形状を辺とする幽霊タイルを基本形状として扱うことがあります。これは、図版を簡略化するためです。同じように、ペンローズ・タイルも「線分の形状を辺とする2種類の四角形を基本形

状」として扱われていたのを思い出してください。

◆ 幽霊タイルはどう発見されたか ——表と裏を区別する?

　スミス・タイルの発表後しばらくの間、「スミス・タイルは本当に非周期モノ・タイルなのか?」「スミス・タイルの平面充填は本当にタイルが1種類だけなのか?」という疑問の声がありました。

　その理由は、スミス・タイルの平面充填に現れる「鏡像である裏面」を、表面とは別のタイルだと考えることもできるからです。

　これらの疑問は、「形状の同一性」のとらえ方で答えが変わる興味深い問いです。

　中学校で習う三角形の合同条件にもあるように、初等教育の平面図形では、表面と裏面を同一視します。しかし、「形状の同一性」を考える別の立場から、「鏡像が不要なものだけが本当の非周期モノ・タイルだ」と主張する声が多く聞かれたのです。

　筆者の一人である荒木を含め、鏡像が不要な非周期モノ・タイルを誰も見つけることができず、途方に暮れる日々が続いていました。

　2023年5月30日、この疑問に対する回答が、スミス・タイル発見チームによって発表されました。驚くべきことに、論文に掲載された幽霊タイルは、スミス・タイルの形状バリエーションの例外に当たるものでした。この形状は2種類の辺の比が1対1になる場合で、統一的な呼び名はありませんが、一部では「ヨシ亀タイル」ともよばれています。

◆ ヨシ亀タイルの命名の由来は……?

　幽霊タイルの論文の謝辞には、本書の筆者の一人である荒木義明の名前が記載されています。荒木は、スミス亀タイルの発表直後に、この形状をカメの姿に見立てた作品を描き、SNSに公開していました（図Ⅴ-⑪）。

図Ⅴ-⑪

　幽霊タイルの発見は、スミスがこの作品を見て、自分でもタイルを並べてみたことがキッカケとなったそうです。つまり、ヨシ亀タイルの名前は、荒木の名前である「義明」が由来となっているというのです。すごいでしょ!

◆ パズル・アートとしての非周期モノ・タイル

　さて、スミス・タイルと幽霊タイルの発見は、どんな役に立つのでしょうか。
　実用的な用途はすぐには思いつきませんが、基礎研究とし

て科学の進展につながる可能性があることは確かでしょう。第Ⅳ章で紹介した、ペンローズ・タイルによる準結晶物質発見に対する貢献の事例からも、多くの科学者が非周期モノ・タイルに注目していることが予想されます。

　一方、実用性を問わなければ、すでにパズルやアートの分野で非周期モノ・タイルの応用が広がっています。単に数学の成果をわかりやすく伝えるだけではなく、多様な視点で新しいものをとらえるためには、パズルやアートは有効な手段でもあるのです。

　以下では、おもに筆者らが所属する日本テセレーションデザイン協会における、パズルやアートの展開事例を紹介します。紹介するのはどれも、スミス・タイルや幽霊タイルを手探りで探究するなかで見つけた、おもしろさが引き出されたと考えられるものばかりです。

◆ 「だまし絵」を描いて楽しむ

　図Ⅴ-⑫に示す横断幕は板橋区立教育科学館に掲示された作品で、スミス帽タイルとスミス亀タイルを描いたものです（中村誠作）。

　スミス帽タイルは空を飛ぶ鳥に、スミス亀タイルは海を泳ぐ亀に見立てられています。

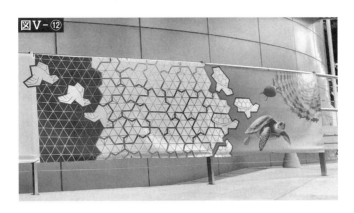

図Ｖ-⑫

　勘のいい方は、この作品がエッシャーの有名なだまし絵に対するオマージュであることに気づいたでしょう。

　エッシャーには、魚の群れが鳥の群れに入れ替わるなどのメタモルフォーゼとよばれる一連の作品があります。この横断幕も、左端から右端にかけて鳥が亀へと入れ替わっています。

　興味深いことに、この作品では２種類のポリカイト、すなわちスミス帽タイルとスミス亀タイルの形状が、両方混ざって並べてあります。ポリカイトどうしを混ぜて並べることで、鳥が亀に入れ替わるさまを表現しているのです。

◆ 帯模様を繰り返して楽しむ

　図Ｖ-⑬に示すマスキングテープは、スミス帽タイルを柄として印刷したものです（荒木義明作）。マスキングテープをどこまで伸ばしても、スミス帽タイルがピッタリと並ぶ模様が現れます。

図Ⅴ-⑬

　この模様が周期的であることに疑問をもった人もいるかもしれません。非周期な平面充填しかできないタイルで周期的な模様が作れることは、矛盾しているように聞こえるからです。

　タネを明かすと、この模様の幅はこれ以上広げることができません。マスキングテープをどのように貼っても帯状の模様にしかならず、平面全体を敷き詰めることはできないのです。

◆ つながる模様を作って楽しむ

　図Ⅴ-⑭に掲げたパズルは、スミス帽タイルをアクリル製のピースにして並べて遊ぶものです（荒木義明作）。

　ピースの表裏には特殊な柄が描かれており、それらがつながるようにピースを並べていきます。勘のいい方は、このパズルピースの柄がどれも同じものであることに気づかれるで

しょう。

図V-⑭

　これらの柄は曲線の断片として描かれており、ピース単体だけではとらえどころがないと感じるかもしれません。

　そこで、この柄のついたピースを並べると柄どうしがつながり、スムーズな曲線が現れます。このつながり方には、曲線の断片が延びて円弧のようになる場合や、三叉状に分岐する場合がありますが、とにかくつなげていけばいいのです。

　さらにピースを並べていくと、円弧と三叉が不規則に現れて複雑な模様ができ上がります。曲線は絡み合うことなく、つかず離れずどこまでもつながっているようです。

　興味深いことに、柄を変えたピースを並べ続けると、つながり方の異なる複雑な模様が他にもたくさん現れます。第Ⅲ章で紹介したように、イスラム教のモスクに見られるジリ・パターンのような美しい模様を描くこともできるでしょう。

また、このような模様の例として、第Ⅵ章ではスミス・タイルの「アムマン棒」を紹介します。

◆「未知の並び」を探して楽しむ

　図Ⅴ-⑮に示したパズルは、ヨシ亀タイルを3D印刷したピースを並べて遊ぶものです（デザイン：荒木義明、企画・製造：立木秀樹）。

　ピースの表用と裏用に2種類を別の色で作ってあり、それぞれ亀の姿が描かれています。

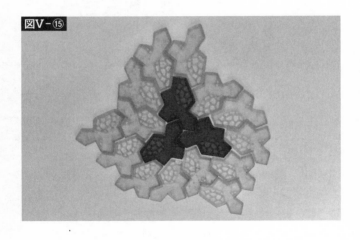

図Ⅴ-⑮

　図Ⅴ-⑮では、3個の裏用のピースの塊を取り囲むように表用ピースが並んでいます。この塊から出発しても、ずっと広げていけるのかどうか、ソワソワする方もいるでしょう。じつはこの先、どのようにピースを増やしても、すぐに敷き詰められない隙間が現れることがわかっています。

　多くの場合、少ないピースだけを見て、その並びを広げられるか否かを判断するのは困難です。限定的な判断条件の例として、第Ⅵ章ではスミス・タイルの「マッチング・ルール」を紹介します。

　このパズルの形状であるヨシ亀タイルの平面充填が、どれだけあるかはまだ解明されていません。特に、裏面を含む場合は周期的な平面充填ができることが知られていますが、他にもさまざまな平面充填ができるかもしれません。

　一方で、表面のピースだけを使った場合は幽霊タイルです。このパズルは幽霊タイルの発表以前に製作したものなので、このパズルで遊んだ誰かが、もしかしたら幽霊タイルの発見者になっていたかもしれません。

◆ 「色の塗り分け」を楽しむ

　図Ⅴ-⑯に掲載したパズルは、幽霊タイルを変形したスポンジ製のピースです（デザイン：荒木義明、企画・製造：谷岡一郎）。

　ピースの形状は恐竜の姿になっており、手足や背中のプレート（骨板）をかみ合わせてズレないように合体できます。図Ⅴ-⑯右には、各ピースの色の違いがわかるように、同じ配置のイラストを示しました。

図V-⑯

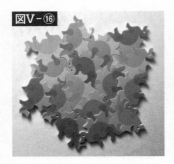

　隣り合うピースを異なる色にすることは、数学の世界で「塗り分け問題」とよばれています。

　平面充填は高々4色あれば塗り分けられることは、数学では「四色定理」で証明されています。恐竜パズルもピースの色が4種類あり、隣り合うピースどうしがつねに異なる色であることに気づいたでしょう。

　このような幽霊タイルパズルを実際にやってみると、どのように平面充填しても、塗り分けには必ず4色が必要であることが体験できます。

　テセレーションを応用した別のタイルでは、3色以下で塗り分けができるものが多いようですが、幽霊タイルのようなタイルは教育的な使い方にも適しているといえるでしょう。このパズルは現在、横浜市の科学館で常設展示されているほか、全国の科学館や教育施設で開催されるイベントで利用されています。

VI章

スミス・タイルが示す「5つの特徴」

——非周期モノ・タイルの背後にひそむ性質とは

この章では、スミス・タイルを直観的にとらえるための「5つの特徴」を取り上げます。これらの特徴は目に見える現象として現れるので、「スミス・タイルの背後にあるもの」の片鱗を垣間見ることができるかもしれません。

　5つの特徴とは、「マッチング・ルール」「コンウェイ芋虫」「レプタイル」「頂点地図」、そして「アムマン棒」です。また、第Ⅲ章でペンローズ・タイルについても同様の特徴を紹介したので、相互に見比べてもらえれば理解の助けになるはずです。

　スミス・タイルにおいて特に重要な特徴は、頂点地図とアムマン棒です。頂点地図は、スミス・タイルが実際に平面充填可能であることを証明するためのカギとなる特徴です。また、アムマン棒は、その平面充填が周期的にはなりえないことを証明するためにもカギとなります。

◆ スミス・タイルのマッチング・ルール

「マッチング・ルール」とは、2個のタイルの辺をかみ合わせるルールのことでした。タイルをパズルピースとして並べる人が、そのピースを見ただけで非周期的な平面充填を作りやすいように、なんらかの形でピースに細工をしておくのです。

　興味深いことに、スミス・タイルでもマッチング・ルールのようなものを考えることができます。タイルの形状だけでは判断できない、避けるべき（あるいは避けるべきでない）かみ合わせを、スミス・タイルの表面に印を描いて示すものです。

　図Ⅵ-①に示す2つのタイルは、スミス亀タイルの表裏に

扇形のマッチング・ルールを描いたものです。このような印のついたタイルを並べることで扇形どうしがつながり、円が無数に現れます。

図Ⅵ-①

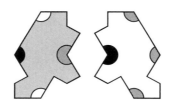

　スミス亀タイルの裏面にも印を描く理由は、スミス・タイルの平面充填において裏返したタイルも利用するためです。

　扇形の色は3種類あり、図では白色、灰色、黒色で区別されています。

　スミス・タイルのマッチング・ルールでは、扇形の色の種類だけでなく、タイルの表裏も条件として使います。本書では、タイルの表面の地を薄い灰色、裏面の地を白色で区別します。

◆ 実際に並べてみると……!

　避けるべき辺のかみ合わせは、「隣り合うタイルで、扇形の色も地の色もともに合致しない」という条件です。つまり、扇形がつながるような2つの辺どうしであれば、扇形の色が同じか、タイルの地の色が同じならば、（試しに）かみ合わせてみる価値があるということです。

　図Ⅵ-②に示すようにタイルの表裏の辺をかみ合わせる場合は、地の色が異なるので、扇形の色が揃うように並べま

す。この図では、扇形がかみ合って灰色の円ができています。

図Ⅵ-②

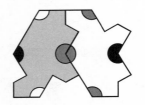

　図Ⅵ-③は、裏面（白）のタイルを表面（灰）で囲うように並べたものです。実際、この並びは、マッチング・ルールにより一義的に決まります。この図には扇形をつなげてできた灰色の円が3つと黒い円が1つ見つかります。

図Ⅵ-③

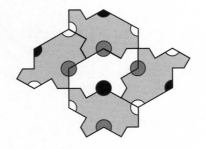

　じつは、この塊はスミス・タイルの平面充塡のどの裏面タイルの周りでも現れるものです。つまり、裏面タイルはつねに表面タイルに囲われて、裏面どうしはかみ合うことがないのです。

　このことから、マッチング・ルールによって、実際の平面充塡では起こらない、タイルの裏面どうしのかみ合わせを避

けることができます。

　さて、表面どうしのかみ合わせについては、扇形の色を気にせずに並べることができます。

　図Ⅵ-④は、図Ⅵ-③にさらに2個のスミス・タイルを追加して組み合わせたものです。この組み合わせで新たに扇形がつながって、色がチグハグな円が2つと、大きな白い扇形が2つできたのがわかります。

図Ⅵ-④

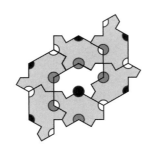

　じつはこの塊も、スミス・タイルの平面充塡のどの裏面タイルの周りでも現れるものです。スミスらの論文では、この7枚による塊のことを「H7」とよんでいます。

　ペンローズ・タイルとの違いで注意すべき点は、「マッチング・ルールをつけなくても、決して周期的な模様にはならない」ことです。スミス・タイルでは、凹凸のあるその形状自体が、非周期性を強制しているのです。

　また、この塊が作れるからといって、さらに多くのタイルを使った場合にもうまく並べられるとは限らないことにはご注意ください。

◆ スミス・タイルのコンウェイ芋虫

「コンウェイ芋虫」は、平面充塡の中に現れる特別なタイルの連なりのことでした。

「芋虫」の名のとおり、コンウェイ芋虫は細長い構造をしていますが、前述のとおりその内容はさまざまで、定まったものはありません。まっすぐなものもあれば、曲がりくねったものもあります。

興味深いことに、スミス・タイルの平面充塡の中にも「細長い列構造をもつ隣接するタイルの連なり」、すなわちコンウェイ芋虫を見つけることができます。

コンウェイ芋虫を見つけるために、スミス・タイルの形状としてスミス亀タイルを利用しましょう。他のスミス・タイルでもコンウェイ芋虫は見つけられますが、曲がりくねるなど判別がしづらい難点があります。

一方で、スミス亀タイルのコンウェイ芋虫はまっすぐなものとして現れるため、判別しやすいのです。

図Ⅵ-⑤に示す2本の灰色のタイルの連なりは、それぞれ長さの異なるコンウェイ芋虫です。図Ⅵ-⑤では、コンウェイ芋虫がまっすぐであることが明瞭にわかるように、タイルの内点をつないだ線分が引いてあります。

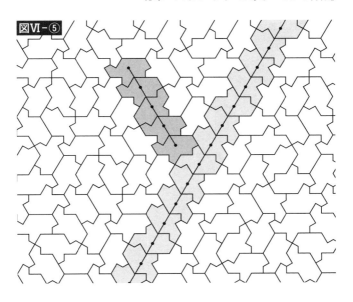

図Ⅵ-⑤

　このコンウェイ芋虫の中には、表裏が異なる2種類のスミ
ス亀タイルが含まれています。ここでは表面のタイルをａ、
裏面のタイルをＤとします。

　コンウェイ芋虫は、ａとＤの辺をかみ合わせたタイルの連
なりです。このタイル列に現れるタイルａとＤは、それぞれ
回転方向が同じになるように配置されています。

　図Ⅵ-⑥は、コンウェイ芋虫の対称性を示すためのもので
す。

　上側は図Ⅵ-⑤のコンウェイ芋虫の一つを抜き出したもの
で、下側は芋虫の上に180度回転したものを透かして重ね合
わせています。この図から、コンウェイ芋虫の境界が「ほぼ」
2回対称性をもつことがわかるでしょう。対称性の例外は、

その両端にあるタイルだけです。

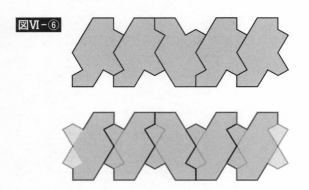

図Ⅵ-⑥

◆ ペンローズ・タイルのコンウェイ芋虫と似ている!?

次に掲げる文字列は、平面充塡内に見つかるコンウェイ芋虫のタイルの表裏を文字に置き換えたものです。

これらの文字列は、いずれも右から読んでも左から読んでも同じで回文のようになっています。また、文字Dを区切りとして文字aが2個または3個連なっているように見えるでしょう。

aaDaa
aaDaaaDaaDaaaDaa
aaDaaaDaaDaaaDaaaDaaDaaaDaaDaaaDaaaDaaDaaaDaa

ここでは一つの系列として、これら3つの文字列に添え字をつけてまとめます。

$X(1) =$ aaDaa

$X(2) =$ aaDaaaDaaDaaaaDaa

$X(3) =$ aaDaaaDaaDaaaaDaaaaDaaDaaaaDaaaaDaaDaaaa
　　　　Daa

　この系列が長い回文を作り続けるように文字列どうしの関係を考えると、次のような式を導くことができます。ちなみにこの式では、2つの文字列を左右に並べることは「左の文字列の後ろに右の文字列を連結する」ことを表すものとします。また、n は1以上で、∅は空集合で文字がないことを表します。

$X(n) = X(n\text{-}1)\ Y(n\text{-}1)\ X(n\text{-}1),\quad X(\text{-}1) = ∅,\quad X(0) = $ a

$Y(n) = Y(n\text{-}1)\ X(n\text{-}2)\ Y(n\text{-}1),\quad Y(\text{-}1) = ∅,\quad Y(0) = $ aDa

　この式には、$Y(n)$ という別の系列が現れます。

　じつは、$Y(n)$ の文字列に対応するコンウェイ芋虫も、平面充填内に見つけることができます。

　この式が、第Ⅲ章で紹介したペンローズ（ひし形）タイルのコンウェイ芋虫のものと、似ていることに気づいた方もおられるでしょう。驚くことにこれらは、初期値を変えただけで、式自体はまったく同じものなのです。

　この式を使って、どこまでも長い文字列を作ることができます。以下は、$X(1)$ から $X(3)$ までを順に計算した結果です。

$X(1) = X(0)\ Y(0)X(0) = $ aaDaa

$Y(1) = Y(0)X(-1)Y(0) = aDa \oslash aDa = aDaaDa$

$X(2) = X(1)Y(1)X(1) = aaDaaaDaaDaaaDaa$

$Y(2) = Y(1)X(0)Y(1) = aDaaDaaaDaaDa$

$X(3) = X(2)Y(2)X(2) = aaDaaaDaaDaaaDaaaDaaDaaaDaa$
　　　 $DaaaDaaaDaaDaaaDaa$

◆ スミス・タイルのレプタイル

「レプタイル」とは、あるタイルを複数個複製したものを組み合わせて作った形状のうち、元のタイルと相似形になるもののことでした。

「タイル」という名がつくとおり、レプタイル自体も平面充填ができるタイルになっています。さらに、レプタイルを複数個複製したものを組み合わせて、より大きなレプタイルを作ることもできます。

　興味深いことに、レプタイルというべきものは、スミス・タイルにも見つけることができます。「レプタイルというべきもの」と少し遠まわしに表現した理由は、後で説明します。

　まずは、図Ⅵ-⑦に示すレプタイルを見てみましょう。図中に示される矢印は、入力タイルと出力タイルを結ぶ置換ルールを示しています（116ページ参照）。

　以降では、この置換ルールのことを「ゴールデンヘックス置換ルール」、または単に「ゴールデンヘックス」とよぶことにします。

図Ⅵ-⑦

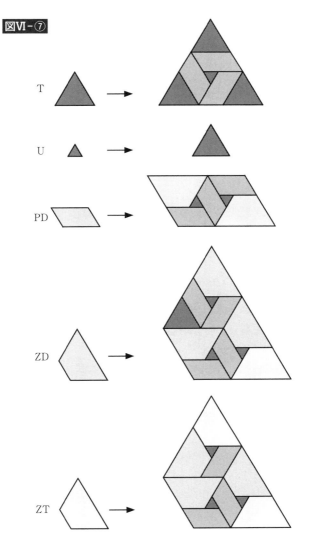

ゴールデンヘックス置換ルールには5種類の入力タイルが
あり、上から順にT、U、PD、ZD、ZTと名付けます。タイ
ルTとUの形状は大きさの異なる正三角形、タイルPDの形
状は2辺の比率が黄金比の平行四辺形で、タイルZD、ZTの
形状は合同な等脚台形です。

　これらはいずれもレプタイルなので、この置換を繰り返し
た極限では、これらのタイルの平面充填ができます。

　また、ゴールデンヘックス置換ルールの拡大率は、面積と
置換行列のどちらを使っても容易に計算できます（拡大率の
計算については第Ⅲ章参照）。

　計算すると、ゴールデンヘックスの拡大率はΦ^4になりま
す。この計算結果はどのタイルの面積を使っても、また置換
行列を使っても同じ値になります。

◆ またしてもゴールデンヘックスか?

　さて、図Ⅵ-⑧ではスミス・タイルの「レプタイルという
べきもの」を紹介します。遠目にみると図Ⅵ-⑦と図Ⅵ-⑧は
瓜二つで、見分けがつかないでしょう。

　ここでも、スミス・タイルの形状としてスミス亀タイルを
利用します。図Ⅵ-⑨に示したように近くで見ると、この置
換ルールの入力タイルと出力タイルはスミス亀タイルの塊で
できているのです。

図VI-⑧

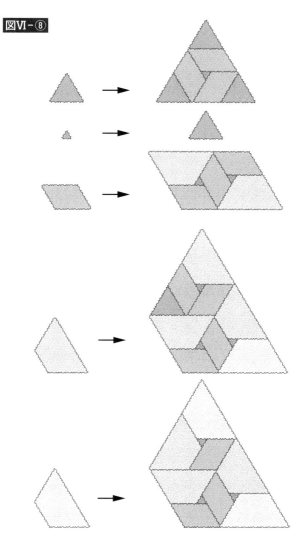

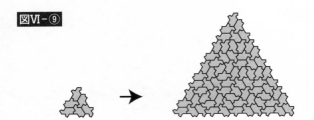

この置換ルールがゴールデンヘックスではないことは、図
VI-⑨の入力タイル U とその出力タイルに対して、次の２つ
の点を確認するとわかります。

一つは、入力タイル U とその出力タイルが相似でないこと
です。このことは、それぞれのタイルの凹凸の違いから明白
でしょう。もう一つは、面積を使った計算で、拡大率がゴー
ルデンヘックスとは異なる値となることです。ゴールデンヘ
ックスでは拡大率が Φ^4（約 6.9）でしたが、この置換ルール
で入力タイル U について計算すると 12 になります。

ところが、この置換は繰り返しのたびに出力タイルの凹凸
が潰れて徐々に平坦になり、拡大率も Φ^4 に近づいていきま
す。つまり、この置換ルールはゴールデンヘックスに近似で
きるのです。また置換を繰り返す際に、入力タイルに対する
平行移動の長さも変化します。

この平行移動の変化は、タイルどうしのかみ合わせ条件だ
けで定まるもので、ここではこのような置換ルールを「組み
合わせ的置換ルール」とよびます。

これに対し、ゴールデンヘックスはその平行移動の変化が
相似比分で定まります。そのような置換ルールは「幾何学的
置換ルール」とよばれています。

　以降では、この置換ルールのことを「近似GH置換ルー
ル」とよびます（GHはゴールデンヘックスの略）。また、近
似GH置換ルールの5種類の入力タイルのことを、まとめて
「近似GHタイル」とよびます。

　次の項で紹介するとおり、近似GH置換ルールは「頂点地
図」と組み合わせることでスミス亀タイルの平面充填可能性
を証明できます。この証明は、筑波大学教授の秋山茂樹と筆
者の一人である荒木が発表したものです。

スミス・タイルの頂点地図

「頂点地図」とは、3個以上のタイルを組み合わせて作る形
状のうち、それらすべてのタイルの共有点を内点としてもつ
ものを表す図のことでした。「地図」という名のとおり、広
大な平面充填の状況を把握するための情報をまとめたもので
す。

　頂点地図というべきものは、スミス・タイルでも見つける
ことができます。「頂点地図というべきもの」と少し遠まわ
しに表現した理由は、ここで紹介するのが、スミス・タイル
の塊である近似GHタイルの頂点地図だからです。

　この頂点地図を見つけるためにも、ふたたびスミス・タイ
ルの形状としてスミス亀タイルを利用します。前項で紹介し
たとおり、スミス亀タイルでは近似GH置換ルールを使えま
す。

　図Ⅵ-⑩は頂点地図の例で、近似GHタイルU、PD、ZD
をかみ合わせたものです。逆三角形状に配置されたタイルU
の最も下に位置する頂点が、他の2つのタイルとの共有点で
す。

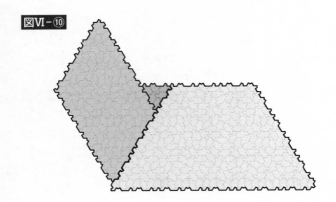

図Ⅵ-⑩

　頂点地図を見つける方法は以下のとおりです。

　まずはじめの頂点地図は、近似 GH 置換ルールの出力タイルの中から見つけます。それ以降は、見つけた頂点地図ごとに次の作業を新しい頂点地図がみつからなくなるまで繰り返します。

①この作業が未実施の頂点地図を用意する
②その頂点地図内の各タイルの出力タイルをかみ合わせて、
　頂点地図とおおよそ相似になるように並べる
③その並びの中から新しい頂点地図を見つける

　この作業は、第Ⅲ章の頂点地図で紹介したものを近似 GH 置換ルールにあわせて書き直したものです。少し遠回しな表現が含まれるのは、タイルの並びがかみ合わせでしか決まらないためです（123 ページ参照）。

　図Ⅵ-⑪は、図Ⅵ-⑩に対して②の作業をおこなったもので

す。これらの外形を見比べると、おおよそ相似になっていることがわかるでしょう。

　ここで大切なことは、頂点地図の外形のおおよそ相似といえるものが、この並びだけしかないことです。他にもかみ合わせ方があるように見えますが、近似 GH タイルの境界の特殊な凹凸のパターンにより、一義的に決まることがわかっています。ここでは取り扱いませんが、じつは凹凸のパターンはコンウェイ芋虫と関係しています。興味のある方は、秋山・荒木の論文（2023）を確認してみてください。

図Ⅵ-⑪

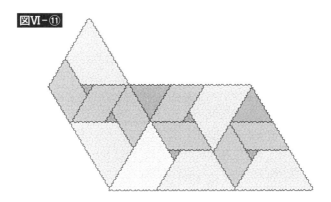

　図Ⅵ-⑫に示す頂点地図は、この作業を繰り返して網羅的に得られた 27 個の一部です。

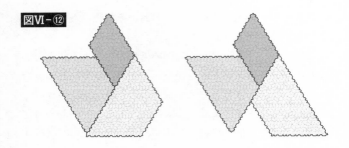

図Ⅵ-⑫

　ここで得られた頂点地図の個数が27個だけに限られることが、この置換の繰り返しにより、近似GHタイル、ひいてはスミス亀タイルが平面充塡できることを証明しているのです。

◆ スミス・タイルのアムマン棒

「アムマン棒」とは、平面充塡の中に現れる、タイルの表面に描かれた印がつながったものです。「棒」という名がつくとおり、アムマン棒はまっすぐな構造をしています。

　実際に、アムマン棒は無限に延びる直線であり、複数の方向に平行な直線の束として現れます。アムマン棒を構成する印は、タイルの境界の2点を結ぶいくつかの線分で構成されています。

　興味深いことに、アムマン棒はスミス・タイルにも見つけることができます。ペンローズ・タイルのアムマン棒と同様、スミス・タイルのアムマン棒からも、平面充塡に周期がないことを読み取ることができます。

　アムマン棒を見つけるために、ここでもスミス亀タイルを利用することにします。ふしぎなことに、アムマン棒が見つ

かるのは、スミス・タイルのバリエーションの中でもスミス亀タイルだけです。

　図VI-⑬は、スミス亀タイルの表面と裏面に、アムマン棒の元となる印を描いたものです。この印のついたタイルを並べることで、アムマン棒が3方向に延びる平行な直線の束として無数に現れます。

図VI-⑬

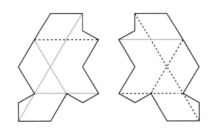

　タイルの裏面にも印を描く理由は、スミス・タイルの平面充填では裏面を必ず利用するからです。この印は、タイルの境界の2点を結ぶ4つの線分で構成します。この線分の端点はいずれも内角が90度、180度または270度の頂点です。また、線分どうしは60度で交わります。

　この線分には2種類あり、図VI-⑬では灰色の線と破線で区別しています。線分は必ず同じ種類だけがつながります。

　図VI-⑭の上は印をつけたスミス亀タイルを並べたもので、下はそこからタイルの形状を省いたものです。この直線の束は、灰色と破線の種類を区別しなければ、3方向に等間隔で並ぶ「カゴメ格子」として見ることができます。

図Ⅵ-⑭

184

◆ 「非周期性」を確認する

　スミス亀タイルのアムマン棒では、棒の種類に着目して平面充塡の非周期性を確認できます。同じ方向の灰色と破線の棒ごとの出現頻度を調べるのです。

　たとえば、右斜め方向のアムマン棒を種類ごとに数えてその比率を計算してみましょう。図Ⅵ-⑭の左上に初めて現れる灰色の棒から、右下に最後に現れる灰色の棒までを数えます。灰色：破線＝ 13 ： 4 です。灰色の棒の出現頻度として計算すれば、この時点で約 76% です。

　実際に、灰色のアムマン棒の出現頻度はどの方向でも約 72.3% で、無理数となることがわかっていますが、この無理数は、黄金比（Φ）を使って $\dfrac{(\Phi^2)}{(1+\Phi^2)}$ と表すことができます。

　ここでは取り扱いませんが、アムマン棒が等しい間隔で配置していることから、統計的な方法でエレガントに出現頻度を計算できます。

　つまり、スミス亀タイルでは、アムマン棒の並びはどの方向でも繰り返し単位をもたず、その平面充塡が非周期であることがわかります。

　さらに、このアムマン棒はスミス亀タイルの平面充塡の並びがどのような場合でも現れます。

　このことが、スミス亀タイルが非周期タイルであることを証明しています。この非周期性の証明も、筑波大学教授の秋山茂樹と筆者の一人である荒木が発表したものです。

VII章

残されたチャレンジ
——アインシュタイン・タイル以降の数学は

アインシュタイン・タイル＝非周期モノ・タイルが発見されたことにより、平面充填の分野にはもはやチャレンジすべきことがなくなったと感じる方もいらっしゃるかもしれません。たしかに、非周期モノ・タイルの探索は、平面充填における最も大きな未解決問題だったといえるでしょう。

　しかし、平面充填の探究課題がなくなったわけではまったくありません。むしろ、今回の発見によって「新たな気づき」が生まれたことで、チャレンジすべき目標を見つけやすくなったといえるでしょう。

　今こそまさに、新しいチャレンジを始めるべき時なのです。本書でも見てきたように、平面充填は、過去にも専門外の人による大きな発見が多い分野です。みなさんにも必ずチャンスがあります。ぜひ新たな発見を目指して取り組んでみてください。

　最終章となる本章では、読者のみなさんが試してみるとおもしろいと考えられるチャレンジをいくつか紹介します。

　たとえば、２種類めの非周期モノ・タイルである幽霊タイルの特徴は、現時点ではスミス・タイルほど解明が進んでいないフロンティアといえるでしょう。また、３種類めの非周期モノ・タイルが見つかる可能性も十分にありえます。

　本書では紹介しませんが、それ以外にもペンローズ・タイルなどの既存の非周期タイルの隠れた特徴が、非周期モノ・タイルで得られた新たな知見によって、見つかる可能性もあるでしょう。

◆ 幽霊タイルの５つの特徴

　前章のスミス・タイルで紹介した５つの特徴は、幽霊タイ

ルにおいても発見が期待されています。本書の執筆時点では、どの特徴もまったく見つかっていないか、あるいは片鱗しか確認されていません。この５つの特徴をもう一度挙げますと、「マッチング・ルール」「コンウェイ芋虫」「レプタイル」「頂点地図」、そして「アムマン棒」です。

　これらの特徴はいずれも、正解が見つかるとすれば、直観的に確かめられるものばかりです。特に、アムマン棒が見つかれば、表面に印をつけて並べるだけで、平面充填の非周期性を確認できるはずです。また、頂点地図は、難解な幽霊タイルの平面充填可能性を平易に理解するために役立つでしょう。

◆ 幽霊タイルのレプタイル

　これらの５つの特徴の中で、最も研究が進んでいるのはレプタイルかもしれません。現在のところ、幽霊タイルをレプタイルとして表す置換ルールは見つかっていませんが、スミス・タイルのように、レプタイルに近似する置換ルールは知られています。

　図Ⅶ-①に示すのは、発見チームによる置換ルールです。入力タイルの種類は２つと少なく、入力タイルに含まれる幽霊タイルの個数も少ないことから、エレガントなものの一つと考えられます。

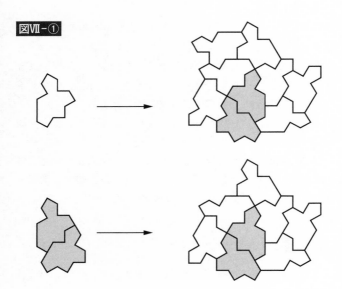

　この置換ルールの拡大率は、置換行列の固有値を使って計算でき、結果は $4 + \sqrt{15}$ になります。この無理数について、黄金比のような有名な数との関係は見つかっていません。もしかしたらこの無理数には、隠れたおもしろい特徴があるかもしれませんよ。

　この置換ルールは、レプタイルの置換ルールに近似できることがわかっています。この置換ルールの拡大率を面積をもとに計算すると、入力タイルごとにそれぞれ9と4ですが、置換を繰り返すと、どちらの値も $4 + \sqrt{15}$ に近づきます。ただし、近似するレプタイルの形状は無限の辺をもつ、いわゆる「フラクタル」とよばれるものになります。フラクタルを含めれば、置換ルールは他にもレプタイルに近似するものが

作れることがわかっています。

　それらのレプタイルのなかには、エレガントなものが新た
に見つかる可能性があるでしょう。たとえば、スミス・タイ
ルのゴールデンヘックスのように、入力タイルの形状が多角
形となるものや、回転対称性をもつものもあるかもしれませ
ん。

幽霊タイルのコンウェイ芋虫

　これら5つの特徴の中で、チャレンジする人が最も多いと
思われるのはコンウェイ芋虫でしょう。コンウェイ芋虫は、
平面充填を眺めるだけで取り組める気軽さがあるからです。

　幽霊タイルのコンウェイ芋虫には、すでにさまざまな目撃
情報が確認されています。ただし、その内容に定まったもの
はありません。幽霊タイルには、複数種類のコンウェイ芋虫
が存在する可能性もあるでしょう。

　ここでは、幽霊タイルのコンウェイ芋虫を「曲がりくねっ
た規則的なタイルの連なり」としてとらえることにします。
スミス亀タイルのようにまっすぐなタイルの連なりが、幽霊
タイルにもあるかどうかはわかっていません。

　図Ⅶ-②に示す2つの細長い列構造は、それぞれ長さの異
なる幽霊タイルのコンウェイ芋虫の例です。

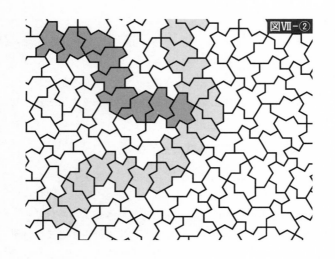

図Ⅶ-②

　このコンウェイ芋虫の中に現れるタイルは、その回転方向で2種類に分類できます。

　回転方向を60度で割った余りの値が0度となるタイルを「a」、その値が30度となるタイルを「D」とします。すると、コンウェイ芋虫は、aとDの辺をかみ合わせたタイルの連なりとしてとらえることができます。

　図Ⅶ-③は、コンウェイ芋虫の対称性を示すために用意したものです。上側は図Ⅶ-②のコンウェイ芋虫を抜き出したもので、下側は芋虫の上に180度回転したものを透かして重ね合わせたものです。

図Ⅶ-③

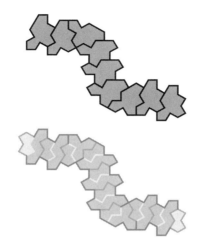

　この図から、幽霊タイルのコンウェイ芋虫の境界でも「ほ
ぼ」2回対称性をもつことがわかるでしょう。対称性の例外
は、その両端にあるタイルだけです。

　次の文字列は、図Ⅶ-③のコンウェイ芋虫のタイルの回転
方向を文字に置き換えたものです。この文字列も右から読ん
でも左から読んでも同じで、回文のようになっています。

aaDaaaDaa

　さらに広い領域を探すと、さらに長いコンウェイ芋虫が見
つかります。この、幽霊タイルのコンウェイ芋虫の文字列を
作り出す式を見つけることが、筆者の一人である荒木が目
下、取り組んでいる課題の一つです。

◆ 第三の非周期モノ・タイル

「二度あることは三度ある」というように、3種類めの非周期モノ・タイルの発見は、大切なチャレンジです。スミス・タイルと幽霊タイルに続いて、さらに多くの種類の非周期モノ・タイルが見つかることが期待されています。

もし次に見つかるとすれば、何がきっかけとなりうるかを検討するのもおもしろいでしょう。

たとえば、スミス・タイルや幽霊タイルの発見の過程を紐解いてみるのもいいでしょう。もちろん、まったく別の方法もあるかもしれません。

スミス・タイル発見のきっかけは、「正六角形をカイト（凧）形に分割したフレーム」でした。このフレームから複数の凧形をかみ合わせた形状として、スミス帽タイルとスミス亀タイルが見つかりました。

このフレームに類似するものをもとにして、複数の形状をかみ合わせたタイルを考えることで、新たなモノ・タイルの発見ができるかもしれません。

◆「イノシシ」とは何物か？

図Ⅶ-④に示す平面充塡は、平行六辺形を4個の合同な五角形に分割したフレームの例です。

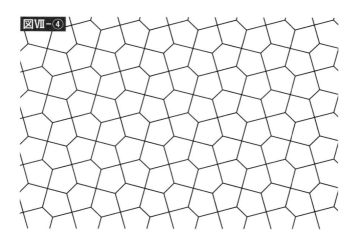

図Ⅶ-④

　この五角形は、内角が120度、90度、120度、120度、90度である「カイロ五角形」とよばれる五角形の形状バリエーションの一つです。

　カイロ五角形を複数かみ合わせたものを「ポリカイロ」とよびます。また、n個のカイロ五角形をかみ合わせた形状は「n−カイロ」と記します。

　図Ⅶ-⑤に示したのはスミスが見つけた8−カイロの例で、彼はこの形状を「イノシシ」と名付けています。

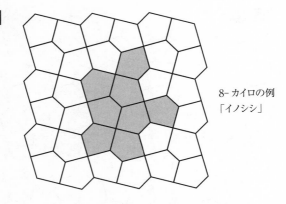

8-カイロの例
「イノシシ」

　図VII-⑥は、このイノシシをフレームに並べた例です。イノシシはピッタリかみ合わせができ、どこまでも隙間なく敷き詰められるようです。

図Ⅶ−⑥

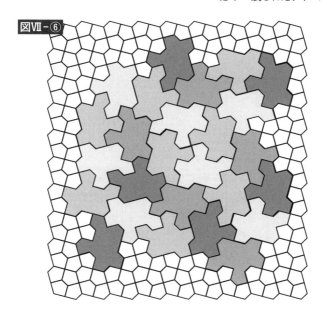

　残念ながらこの8−カイロは、周期的な敷き詰めもできます。ただ、8−カイロだけに限っても3099種類もあるので、他の形状にチャレンジするのもよいでしょう。

　本書を読まれた読者の中から、新たな非周期モノ・タイルの発見者が現れることを願っています。いや、筆者らも負けていませんぞ！

おわりに

　本書の“表面上”の主役である「ペンローズ・タイル」は、数学——特に幾何学——の分野に、大きな変革をもたらしました。

　ペンローズ・タイルから生まれた直接の子孫とは限らないものの、「マッチング・ルール」や「コンウェイ芋虫」「レプタイル」「頂点地図」「アムマン棒」といった概念を広く知らしめるきっかけとなったのは、ペンローズ・タイルでしょう。

　本文でも述べましたが、「机上の遊び」に近い考え方が仮説や理論を生み、それが歴史の再発見や自然界に存在することが判明するまでにつながっていった珍しい例が、ペンローズ・タイルでした。数学や自然科学の好きな人にとって、よりなじみのあるコンセプトでしたので、本書の題名にもペンローズの名前をあえて使用しています。

　しかしながら、ここまで読んでくださった方々にはおわかりかと信じますが、2023年のアインシュタイン・タイル／モノ・タイルの発見の報告と解説が、本書の目的であり、真の主人公でもあります。

　当初の企画（出版計画）を主導した関係で谷岡がファースト・オーサーとなっていますが、実質上はどちらが主でも従でもありません。

　特に、アインシュタイン・タイルの新しい知見に関しては、荒木が主だと考えていただいて差し支えありません。荒木は、その発見プロセスに実際に関与した研究者としても活

躍中です。後半の文章の格調が高くなるのはおそらくそのせいで、この場を借りて共同執筆を快く引き受けてくれた荒木義明氏に、深く感謝申し上げます。

個人的な感想ですが、ペンローズ・タイルやアインシュタイン・タイル／モノ・タイルの探究プロセスには、数学のある意味での究極の啓示——簡単にいえば「美しさ」と「エレガントさ」を求める哲学——すら感じます。

特に、アムマン棒やコンウェイ芋虫の存在、そしてその発展形はなんともふしぎで、かつ奥深いものだと感じざるをえません。

まだまだわかっていない点が残るのも、本文で紹介されているとおりです。これから多くの人々——数学者のみならず、多くのファンたち——が、いまだ発見されていない知見にチャレンジするでしょうし、そのいくつかは続々と我々の耳に届くものと思われます。

ワクワクさせられることでもありますが、その発見者の一人は、本書を手にしているあなたかもしれません。あなたでありますように。

本書は、担当編集者の倉田卓史氏をはじめ、多くの方々の支援・協力があってこそのものです。藤田伸氏、および日本テセレーションデザイン協会の方々——特に中村誠氏、杉本晃久氏——には、いろいろな示唆や助言をいただきました。

また、ポール・J・スタインハート教授には図の使用を快諾いただきましたことに、この場を借りて感謝申し上げます。

加えて、ロジャー・ペンローズ博士、筑波大学の秋山茂樹

教授、カスパー・シュワーベ教授……、キリがないのでここで止めておきますが、ここにお名前を挙げられなかった先生方にも大変お世話になりました。

　本書は、最新の知見を盛り込んだものですが、すぐに古びてしまうかもしれません。じつは、そうなってほしい、我々が生きているあいだにそんな進捗があってほしいとすら願っています。

　みなさまから新たな発見の報告がもたらされることを、荒木と2人で待っています。

　2024年5月吉日

谷岡一郎

参考文献

● 藤田伸(2015)装飾パターンの法則, 三元社.

● J. Beyer(1998) *Designing Tessellations*, Contemporary Books.

● Grünbaum & Shephard(1987) *Tilings and patterns*, W. H. Freeman.

● Martin Gardner(1977) *Extraordinary nonperiodic tiling that enriches the theory of tiles*, Scientific American.

● 秋山久義(2005)絵と形のパズル読本, 新紀元社.

● Mario Livio(2002) *The Golden Ratio*, Broadway.

> マリオ・リヴィオ(2005)[斉藤隆央訳]黄金比はすべてを美しくするか?, 早川書房.

● K. Critchlow(1976) *Islamic Patterns*, Thames & Hudson.

● R. A. Dunlap(1997) *The Golden Ratio and Fibonacci Numbers*, World Scientific.

> R・A・ダンラップ(2003)[岩永恭雄・松井講介訳]黄金比とフィボナッチ数, 日本評論社.

● P. J. Lu & P. J. Steinhardt(2007) *Decagonal and Quasi-Crystalline Tilings in Medieval Islamic Architecture*, Science.

● Francesco D'Andrea(2023) *A Guide to Penrose Tilings*, Springer.

● P. J. Steinhardt(2019) *The Second Kind of Impossible*, Simon & Schuster.

> ポール・J・スタインハート(2020)[斉藤隆央訳]「第二の不可能」を追え!, みすず書房.

● 蔡安邦(2004)準結晶の成長と形, 形の科学百科事典／朝倉書店.

● David Smith, Joseph Samuel Myers, Craig S. Kaplan, Chaim

Goodman-Strauss (2023) *An aperiodic monotile*, arXiv : 2303.10798.

- David Smith, Joseph Samuel Myers, Craig S. Kaplan, Chaim Goodman-Strauss (2023) *A chiral aperiodic monotile*, arXiv : 2305.17743.

- Shigeki Akiyama, Yoshiaki Araki (2023) *An alternative proof for an aperiodic monotile*, arXiv : 2307.12322.

さくいん

〈人名〉

秋山茂樹　　　　　　　185

アムマン, ロバート　　79, 126

アユイ, ルネ＝ジュスト　130, 137

エッシャー, マウリッツ
　　　　　　　54, 101, 159

ガードナー, マーチン　70, 90

カプラン, クレイグ　　153

グッドマン・ストラウス, ハイム 153

クヌース, ドナルド　　71

クリチュロフ, K　　　100

グンメルト, ペトラ　　86

ケプラー, ヨハネス　　102

コンウェイ, ジョン　105, 107, 110

蔡安邦　　　　　　　　141

シュヒトマン, ダニエル　22, 131

シュワーベ, カスパー　140

スタインハート, ポール・J
　　　　　103, 131, 135

スミス, デイビッド　　147

ソコラー, J・E　　　　87

ダンドレア, フランシスコ　121

ダンラップ, R・A　　　101

テイラー, J・M　　　　87

野依良治　　　　　　　139

バーガー, ロバート　　71

ハーディ, G・H　　　　39

ビンディ, ルカ　　　　143

フェドロフ, エヴグラフ　39

プトレマイオス　　　　102

ブラヴェ, オーギュスト　130

ブラッグ, ウィリアム・ヘンリー
　　　　　　　　　　131

ブラッグ, ウィリアム・ローレンス
　　　　　　　　　　131

プレストン, アン　　　99

ペンローズ, ロジャー　14, 80, 93

ポリヤ, G　　　　　　39

マイヤー, ジョセフ　　153

マッカイ, アラン　　　136

ライス, マージョリー　58

ラウエ, マックス・フォン　131

リトルウッド, J・E　　39

ルウ, ピーター　　　　103

レヴィン, ドブ　　　　140

ロビンソン, レイフル　72

ワン, ハオ　　　　　　70

〈アルファベット・数字〉

H7 169
Lトロミノ 116
n-カイト 151
n-カイロ 195
quasicrystal 22, 132
Spectre 154
（ペンローズの）6種のタイル 81

〈あ行〉

アインシュタイン・タイル
14, 15, 52, 188
アムマン棒
109, 125, 138, 166, 182, 189
アムマン面 139, 140
アルハンブラ宮殿 100
イノシシ 195
黄金比 120, 128, 185, 190
黄鉄鉱 133

〈か行〉

回転対称 35
回転対称性 32
カイト 52, 84, 90, 122
回文 114, 172, 193
カイラル体 139

カイロ五角形 195
拡大 37
拡大率 118, 176, 190
カゴメ格子 183
壁紙 38
幾何学的置換ルール
118, 178
基本セル 41
球面テセレーション 63
鏡映 34, 41
鏡映軸 34
鏡映平面 139
行列 121
キラル体 139
近似GHタイル 179
近似GH置換ルール 179
禁じ手 110
組み合わせ的置換ルール 178
グライド 35
形状の同一性 156
結晶学 130
結晶構造 130
五角形のテセレーション 55
固有値 121, 190
ゴールデンヘックス 174
ゴールデンヘックス置換ルール
174

コンウェイ芋虫
　　109, 112, 166, 170, 189, 191

〈さ行〉

サッカーボール　　　　　　64
左右対称　　　　　　　　　34
三角形　　　　　　　　　　26
四角形　　　　　　　　　　27
敷き詰め模様　　　　　　　26
周期タイル　　　　　　　　68
周期的(な敷き詰め／な平面充
　填／な模様)　　18, 33, 68
縮小　　　　　　　　　　　37
出力タイル　　　　　116, 122
準結晶　　　　　　　22, 132
ジリ・パターン　18, 59, 100
すべり鏡映　　　　　　35, 41
スマイル・タイル　　　　　85
スミス亀タイル　　　150, 170
スミス・タイル　　　147, 188
スミス帽タイル　　　　　149
正五角形　　　　　　　80, 85
正三角形　　　　　　　　　28
正三角形のフレーム　　　　51
正十角形　　　　　　　　　85
正多角形　　　　　　　　　28
正方形　　　　　　　　　　28

正六角形　　　　　　　28, 53
セル　　　　　　　　　　　33
線対称　　　　　　　34, 114
相似形　　　　　37, 115, 174
相似比　　　　　　　118, 178

〈た・な行〉

対称性　　　　　　　32, 139
タイリング・パターン　　　26
多重双晶　　　　　　　　133
畳タイル　　　　　　　　　30
ダート　　　　　　84, 90, 122
置換行列　　　　121, 176, 190
置換ルール　　　　　116, 189
頂点地図
　　109, 123, 166, 179, 189
テセレーション　18, 45, 100
等長変換　　　　　　　　　37
内点　　　　　　　　　　123
入力タイル　　　　　116, 122
塗り分け問題　　　　　　164

〈は行〉

パイライト　　　　　　　133
パターンの最小単位　　　　41
非周期性を強制する力　　　73
非周期タイル　　　　　20, 68

非周期的（な敷き詰め／な平面
　充填／な模様）
　　　　14, 15, 19, 33, 68, 69
非周期モノ・タイル
　　　　15, 52, 85, 146, 188
非連結性　　　　　　　　87
フェドロフの17類型　39, 100
不周期的な模様　　　　　69
太ったひし形　　　　　　93
太ったひし面体　　　　136
フライデー・モスク　　105
ブラヴェ格子　　　　　131
フレーム　　　　18, 28, 51
平行移動対称性　　　33, 69
平面充填　　　　　　14, 68
平面充填模様　　　　　　26
ペロン・フロベニウスの固有値
　　　　　　　　　　　121
ペンローズ（KD）タイル
　　　　84, 90, 120, 122
ペンローズ・タイル
　　　　15, 84, 90, 155
ペンローズ・タイルでできたマー
　チン・ガードナーの肖像　108
ペンローズ・タイルのレプタイル
　　　　　　　　　　　119
ペンローズのチキン　　　96

ペンローズ（ひし形）タイル
　　　　　　　　　93, 120
細いひし形　　　　　　　93
ポリカイト　　　　52, 151
ポリカイロ　　　　　　195

〈ま・や行〉

マッチング・ルール　63, 79, 80,
　　　　109, 110, 166, 189
無理数　　　　　　128, 190
面心　　　　　　　　　　41
やせたひし面体　　　　137
有理数　　　　　　　　128
幽霊タイル　　147, 154, 188
ヨシ亀タイル　　　　　156
四色定理　　　　　　　164

〈ら・わ行〉

レプタイル
　　109, 115, 166, 174, 189
六方格子　　　　　　　　51
ロビンソンの三角形　95, 119
ロビンソンのタイル　72, 75
ワンのドミノ　　　　71, 79

N.D.C.410　206p　18cm

ブルーバックス　B-2264

ペンローズの幾何学
対称性から黄金比、アインシュタイン・タイルまで

2024年 6 月20日　第 1 刷発行
2024年 7 月12日　第 2 刷発行

著者	谷岡一郎（たにおかいちろう） 荒木義明（あらきよしあき）
発行者	森田浩章
発行所	株式会社講談社
	〒112-8001　東京都文京区音羽2-12-21
電話	出版　03-5395-3524
	販売　03-5395-4415
	業務　03-5395-3615
印刷所	（本文印刷）株式会社新藤慶昌堂
	（カバー表紙印刷）信毎書籍印刷株式会社
本文データ制作	ブルーバックス
製本所	株式会社国宝社

ISBN978-4-06-536224-2

発刊のことば

科学をあなたのポケットに

二十世紀最大の特色は、それが科学時代であるということです。科学は日に日に進歩を続け、止まるところを知りません。ひと昔前の夢物語もどんどん現実化しており、今やわれわれの生活のすべてが、科学によってゆり動かされているといっても過言ではないでしょう。

そのような背景を考えれば、学者や学生はもちろん、産業人も、セールスマンも、ジャーナリストも、家庭の主婦も、みんなが科学を知らなければ、時代の流れに逆らうことになるでしょう。

ブルーバックス発刊の意義と必然性はそこにあります。このシリーズは、読む人に科学的に物を考える習慣と、科学的に物を見る目を養っていただくことを最大の目標にしています。そのためには、単に原理や法則の解説に終始するのではなくて、政治や経済など、社会科学や人文科学にも関連させて、広い視野から問題を追究していきます。科学はむずかしいという先入観を改める表現と構成、それも類書にないブルーバックスの特色であると信じます。

一九六三年九月

野間省一

BLUE BACKS